理工学の基礎としての力学

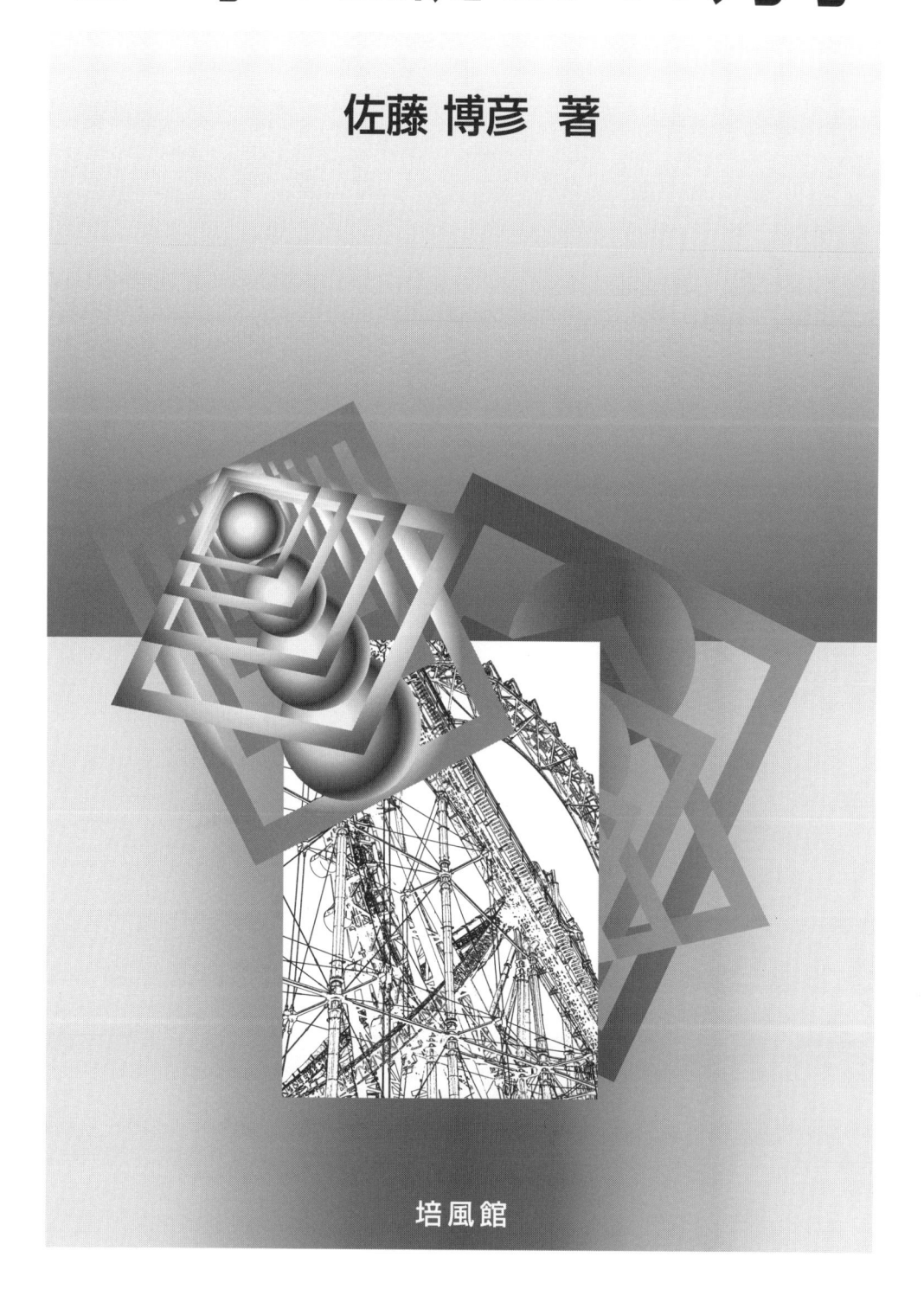

佐藤 博彦 著

培風館

本書の無断複写は，著作権法上での例外を除き，禁じられています。
本書を複写される場合は，その都度当社の許諾を得てください。

まえがき

　本書は，理工系の幅広い学科で学ぶ学生を対象とした大学初年級の力学の教科書である。

　宇宙から素粒子に至るまで，さまざまなスケールに及ぶ現象から本質をぬきだし，普遍的な法則を数式で書き表すという物理学の手法は，理工学を学ぶすべての学生が身につけるべき基礎である。しかし，大学の理工学部には，実にさまざまな興味やバックグランドをもつ学生が集まってくる。もともと物理学に関心が強い学生がいる一方で，高校時代に物理をまったく履修していない学生もいる。そのようななか，初心者でも読み進めることができる一方で，すでに学んでいる人の知的好奇心もある程度満足させる教科書はつくれないだろうか。本書はそのような試みからはじまった。

　物理学の美しさはその単純明解さにある。それがゆえに，学術論文のように徹底的に無駄や重複を排除した教科書を書きたい誘惑にかられる。しかし筆者自身が理解する過程をふり返ってみると，視覚に訴える直観的な説明や演習による試行錯誤におおいに助けられた。そこで，本書では例題や図を豊富に取り入れることにした。また，学習の「箸休め」のため，身近な現象と物理学のかかわりについて，気ままに思いついたことをMemoの形でちりばめてみた。

　さらに本書は，自習のためだけでなく，講義の教科書として使用することも意識している。どの章を重点的に取り上げるか，専門分野に応じて柔軟に対応できるようにしてある。たとえば，すでに物理の基礎知識がある学生は第1章や第2章を軽く読み飛ばしてもよい。第3章は，情報工学や経営工学など，数理モデルを扱うことが中心になる学科は特に重点をおくのがよいように思う。第6章に関しては，機械系や土木系などでは重要であるが化学系や生物系ではそれほど力を入れなくてよいと思われる。第7章や第8章は，物理学をさらに本格的に学んでみたい学生を意識して書いている。

　そして，学習したことが身についているかどうか自信がないという相談を学生からしばしば受けることがあることから，第9章には多少歯ごたえのある問題を用意してあるので，理解度の確認のためにぜひチャレンジしてほしい。

　本書は，大学で初めて物理学と出会う読者も歓迎する。高校で物理を学んでいない人が大学で初めて物理を学ぶのは，実は思ったほど大変ではない。なぜなら，高校で習得した微分や積分を堂々と用いることが許されているからである。もし微積分を用いずに物理学を学ぼうとすると，理由を理解せずに多くの公式を暗記しなくてはならない。そのことが原因で高校時代に物理が嫌いになった人がいたとしたら，この機会に学び直し，

物理学本来の単純な美しさを是非とも味わってもらいたい。

　話は変わるが，筆者が勤務する大学のすぐ近くには遊園地があり，ジェットコースターからの絶叫がキャンパスに響いてくることも多い。ジェットコースターをはじめとする遊園地のアトラクションを眺めていると，さまざまな力学の題材にあふれてくることに気づかされる。そこでふと，この遊園地の光景を表紙にすることを思いついた次第である。

　執筆にあたり，多くの方々のご協力をいただいたことに深く感謝します。中央大学理工学部物理学科の香取眞理氏，石井靖氏，杉本秀彦氏，中村真氏には数々の貴重な助言をいただきました。培風館の松本和宣氏には教科書執筆の基礎を教えていただきました。表紙の写真は，学生の柴田清貴さんに撮影していただきました。また，家族にも大変支えられました。特に，犬と猫の描き分けすら困難な私に代わってイラストを描いてくれた妻 典子，初めて物理学と出会わせてくれた父 正敏に感謝します。

　2016 年 1 月

東京 後楽園にて

著者しるす

目　　次

1. 運動の表し方 ………………………………………………………………… *1*
   1.1　直 線 運 動 ………………………………………………………… 1
      1.1.1　位置，変位，距離　1
      1.1.2　時刻と時間　1
      1.1.3　速　　度　1
      1.1.4　加 速 度　4
      1.1.5　等加速度運動　5
      1.1.6　落 下 運 動　7
   1.2　2次元, 3次元空間での運動 ………………………………………… 8
      1.2.1　位置ベクトル，変位ベクトル，距離　8
      1.2.2　速度ベクトル　8
      1.2.3　加速度ベクトル　10
      1.2.4　等加速度運動　12
      1.2.5　放 物 運 動　12
      1.2.6　等速円運動と向心加速度　14
   練習問題 1 ……………………………………………………………… 16

2. 運動の法則と力 …………………………………………………………… *17*
   2.1　運動の法則 ………………………………………………………… 17
      2.1.1　慣性の法則と質量　17
      2.1.2　運動方程式　18
      2.1.3　力の合成，分解　19
      2.1.4　力のつりあい　19
      2.1.5　作用・反作用の法則　20
   2.2　いろいろな力 ……………………………………………………… 21
      2.2.1　重　　力　21
      2.2.2　張　　力　22
      2.2.3　垂 直 抗 力　24
      2.2.4　静止摩擦力　25
      2.2.5　動 摩 擦 力　26
      2.2.6　抵 抗 力　26
      2.2.7　ばねの弾性力　27
      2.2.8　向 心 力　28
      2.2.9　遠 心 力　29
      2.2.10　万 有 引 力　30
   練習問題 2 ……………………………………………………………… 33

3. 微分方程式としての運動方程式　　　　　　　　　　　　*35*

   3.1　一定の力を受ける運動 …………………………………………… 35

   3.2　粘性抵抗を受ける落下運動 ………………………………………… 36

   3.3　フックの法則と調和振動子 ………………………………………… 38

   3.4　単振り子 ……………………………………………………………… 40

   3.5　複素数を用いた解法 ………………………………………………… 41

   3.6　ばねの復元力と粘性抵抗を受ける物体の運動 …………………… 42

   3.7　強制振動 ……………………………………………………………… 44

   練習問題 3 ………………………………………………………………… 45

4. 仕事とエネルギー　　　　　　　　　　　　　　　　　　*46*

   4.1　仕　　事 ……………………………………………………………… 46

      4.1.1　仕事の定義　46

      4.1.2　複数の力がはたらいている場合の仕事　47

      4.1.3　変化する力による仕事　48

      4.1.4　非直線経路での仕事　48

      4.1.5　保存力と非保存力　50

      4.1.6　仕　事　率　51

   4.2　エネルギー …………………………………………………………… 51

      4.2.1　エネルギー　51

      4.2.2　ポテンシャルエネルギー　51

      4.2.3　運動エネルギー　54

      4.2.4　力学的エネルギー保存の法則　56

      4.2.5　束縛力と仕事　57

      4.2.6　ポテンシャルエネルギーから保存力を導く　58

      4.2.7　勾配の直観的説明　60

      4.2.8　力学的エネルギー保存の法則から運動方程式を導く　60

   練習問題 4 ………………………………………………………………… 61

5. 運動量と質点系　　　　　　　　　　　　　　　　　　　*62*

   5.1　運　動　量 …………………………………………………………… 62

   5.2　力　　積 ……………………………………………………………… 63

   5.3　2 物体の衝突と運動量保存の法則 ………………………………… 64

   5.4　反 発 係 数 …………………………………………………………… 65

   5.5　壁に斜めに衝突する場合 …………………………………………… 66

   5.6　弾性衝突と非弾性衝突 ……………………………………………… 67

   5.7　分　　裂 ……………………………………………………………… 68

   5.8　重心運動と相対運動の分離 ………………………………………… 69

   5.9　重心運動と相対運動のエネルギー ………………………………… 71

   5.10　質点系 ………………………………………………………………… 73

   練習問題 5 ………………………………………………………………… 74

6. 回転運動と剛体　　　　　　　　　　　　　　　　　　　　　　*76*

　　6.1　力のモーメント ……………………………………………　76
　　6.2　角運動量 ……………………………………………………　77
　　6.3　剛体 …………………………………………………………　78
　　6.4　剛体におけるつりあいの条件 ……………………………　80
　　6.5　力のモーメントの中心の位置の移動と偶力 ……………　81
　　6.6　てこの原理 …………………………………………………　82
　　6.7　慣性モーメント ……………………………………………　84
　　6.8　慣性モーメントの具体的な計算 …………………………　85
　　6.9　回転軸が重心を通らない場合の慣性モーメント ………　86
　　6.10　ころがり摩擦 ……………………………………………　87
　　練習問題 6 ………………………………………………………　88

7. 中心力と惑星の運動　　　　　　　　　　　　　　　　　　　　　*89*

　　7.1　角運動量保存の法則と中心力 ……………………………　89
　　7.2　ケプラーの法則 ……………………………………………　90
　　7.3　極座標における運動方程式 ………………………………　91
　　7.4　惑星の運動方程式 …………………………………………　93
　　7.5　円に近い軌道 ………………………………………………　93
　　7.6　一般の軌道 …………………………………………………　95
　　7.7　軌道の形 ……………………………………………………　96
　　7.8　ケプラーの第 3 法則の証明 ………………………………　97
　　練習問題 7 ………………………………………………………　98

8. 座標変換と慣性力　　　　　　　　　　　　　　　　　　　　　　*99*

　　8.1　座標変換 ……………………………………………………　99
　　8.2　慣性系 ……………………………………………………… 100
　　8.3　慣性力 ……………………………………………………… 101
　　8.4　慣性力の直観的説明 ……………………………………… 103
　　8.5　回転座標系 ………………………………………………… 105
　　練習問題 8 ……………………………………………………… 107

9. 総合演習　　　　　　　　　　　　　　　　　　　　　　　　　　 *108*

A. 物理で使う数学　　　　　　　　　　　　　　　　　　　　　　 *113*

　　A.1　ベクトル …………………………………………………… 113
　　A.2　テイラー展開とオイラーの公式 ………………………… 117
　　A.3　多重積分 …………………………………………………… 120

A.4　ベクトル場と線積分……………………………………………　123
　　A.5　楕円の方程式……………………………………………………　126

問題解答　　　　　　　　　　　　　　　　　　　　　　　　　　　*127*

索　引　　　　　　　　　　　　　　　　　　　　　　　　　　　　*139*

ギリシャ文字表

物理学では，定数や変数等を表す際にアルファベットを用いるが，ギリシャ文字も使うことがあるので以下にギリシャ文字の表を載せる．

大文字	小文字	英語名	発音	
A	α	alpha	[ǽlfə]	アルファ
B	β	beta	[bíːtə]	ベータ
Γ	γ	gamma	[gǽmə]	ガンマ
Δ	δ	delta	[déltə]	デルタ
E	ε, ϵ	epsilon	[ipsáilən, épsilən]	イ (エ) プシロン
Z	ζ	zeta	[zéːtə]	ツェータ
H	η	eta	[íːta]	イータ
Θ	θ, ϑ	theta	[θíːtə]	シータ
I	ι	iota	[aióutə]	イオタ
K	κ	kappa	[kǽpə]	カッパ
Λ	λ	lambda	[lǽmdə]	ラムダ
M	μ	mu	[mjuː]	ミュー
N	ν	nu	[njuː]	ニュー
Ξ	ξ	xi	[ksiː, (g)zai]	グザイ
O	o	omicron	[o(u)máikrən]	オミクロン
Π	π, ϖ	pi	[pai]	パイ
P	ρ, ϱ	rho	[rou]	ロー
Σ	σ, ς	sigma	[sigmə]	シグマ
T	τ	tau	[tau, tɔː]	タウ
Υ	υ	upsilon	[juːpsáilən, júːpsilən]	ウプシロン
Φ	ϕ, φ	phi	[fai]	ファイ
X	χ	chi	[kai]	カイ
Ψ	ϕ, ψ	psi	[(p)sai]	プサイ
Ω	ω	omega	[óumigə, ɔ́migə]	オメガ

1
運動の表し方

力学の第一歩は，物体の運動のようすを詳しく観察し，正確に記述することである。微分や積分を用いると，位置，速度，加速度を正確に定義し表現することができる。

1.1 直 線 運 動

1.1.1 位置，変位，距離

はじめに，直線運動する物体を考えよう。たとえば，まっすぐな線路の上を走る電車や，上下に動くエレベータなどでは，物体の位置は直線上に限定されているので，1つの変数 x で表すことができる。x の値が x_0 から x_1 に変化したとき，$\Delta x = x_1 - x_0$ のことを**変位**という。変位は正にも負にもなりうる。それに対し，$|x_1 - x_0|$ を x_0 と x_1 の**距離**という。距離は常に 0 または正の値をとる。距離が 0 の場合は 2 つの位置が一致していることを意味する。位置や変位の単位としては m (メートル) を用いる。

1.1.2 時刻と時間

日常生活では，時刻と時間を同じ意味で用いることが多いが，物理学では区別する。**時刻**という言葉は，それぞれの瞬間を区別する場合に用いる。たとえば，「電車が駅を出発する 時刻 は 8 時 32 分 25 秒」という言い方をする。それに対して，ある時刻から別の時刻までの間隔のことを**時間**といい，たとえば，「家を出発してから大学に到着するまでの 時間 は 45 分 27 秒」という使い方をする。時刻および時間の単位としては s (秒) を用いる。

1.1.3 速 度

直線運動を実感するため，まっすぐな線路を走る電車に乗ってみよう。電車は A 駅を出発し，B 駅を通過するものとする。A 駅の位置を x_0，B 駅の位置を x_1，A 駅を出発する時刻を t_0，B 駅を通過する時刻を t_1 とする。この場合，A 駅から B 駅までの間をどれだけ速く走ったかの目安として，変位を所要時間で割った平均の**速度**，

$$\frac{x_1 - x_0}{t_1 - t_0} \tag{1.1}$$

がある。日常では速度の単位として km/h を用いることが多いが，物理学では m/s を用いる。たとえば $x_0 = 0$ m, $x_1 = 3000$ m, $t_0 = 0$ s, $t_1 = 200$ s ならば，平均の**速度**は 15 m/s と計算される。もし電車が逆向きに B 駅から A 駅までを 300 s かけて移動したのならば，平均速度は -10 m/s のように負符号をつけなければならない。変位ではなく，移動した距離を所要時間で割ったもの，すなわち速度の絶対値を**速さ**または**スピード**という。物理学では，速度 (velocity) とスピード (speed) は意味が異なるので注意する必要がある。

例題 1.1 100 m を 10 s で走る陸上選手の平均の速さを m/s および km/h で表しなさい。

［解答］ 距離を時間で割ればよいので，$\frac{100\ \text{m}}{10\ \text{s}} = 10$ m/s となる。単位を km/h に直すには，$\frac{1000\ \text{m}}{1\ \text{km}} = 1$ などの関係を用いて計算すると，

$$10 \times \frac{\text{m}}{\text{s}} \times \frac{1\ \text{km}}{1000\ \text{m}} \times \frac{3600\ \text{s}}{1\ \text{h}} = 36\ \text{km/h}$$

となる。 □

電車の位置 x は時刻にしたがって変化するので，t の関数である。これを $x(t)$ と表し，その例を図 1.1 の太線で示す。A 駅を出発する時刻 t_0 と B 駅を通過する時刻 t_1 の間での平均速度は，直線 ① の傾きで決まる。それでは，A 駅と B 駅の途中の地点も利用して平均速度を計るとどうなるだろうか。たとえば，途中の位置 x_2 を時刻 t_2 に通過するなら，時刻 t_0 と t_2 の間の平均速度は直線 ② の傾きに等しく，時刻 t_2 と t_1 の間の平均速度は直線 ③ の傾きに等しい。傾きを比較すると，前半は平均速度より遅く，後半は速く走っていたことになる。これは電車の速度が一定ではなく，時刻によって変化することを示している。

平均の速度を求めるためには，ある程度の長さの時間が必要である。それに対して，「瞬間の」速度というものがあることは，車窓からの景色が流れるようすや，運転席の速度計の針の動きから感じとることができる。瞬間の速度を考えるためには，式 (1.1) で t_0 と t_1 がほぼ同じ場合を想像してみるとよい。たとえば，時刻 $t_0 = 3$ s における位置が $x_0 = 15.02475$ m, 時刻 $t_1 = 3.0001$ s におけ

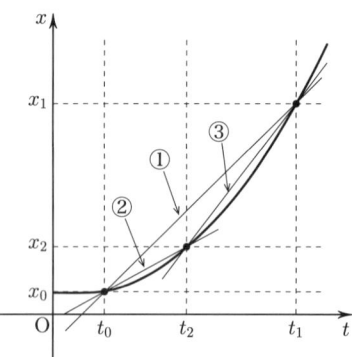

図 1.1 平均の速度

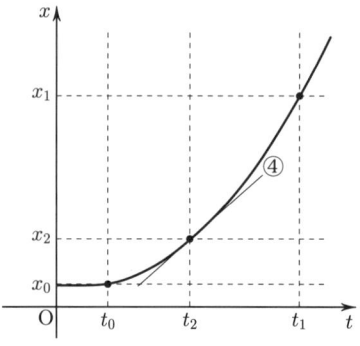

図 1.2 瞬間の速度

1.1 直線運動

る位置が $x_0 = 15.02722$ m の場合に平均速度を計算すると，24.7 m/s となる。これはもちろん時刻 3 s と 3.0001 s の間の平均速度のことであるが，日常的な感覚では時刻 3 s での瞬間の速度とよんでもかまわない。t_0 を単に t と書き，$t_1 = t + \Delta t$ とすると，Δt 間の平均速度は

$$\frac{x(t_1) - x(t_0)}{t_1 - t_0} = \frac{x(t + \Delta t) - x(t)}{\Delta t} \tag{1.2}$$

と書くことができる。ここで，Δt を限りなく 0 に近づけたものを，時刻 t における**瞬間の速度**と定義し，$v(t)$ で表す。すなわち，

$$v(t) = \lim_{\Delta t \to 0} \frac{x(t + \Delta t) - x(t)}{\Delta t} \tag{1.3}$$

である。これは**微分**の定義にほかならないので，瞬間の速度は

$$\boxed{v(t) \equiv \frac{dx}{dt} = \dot{x}(t)} \tag{1.4}$$

と書くことができる。物理学では時刻で微分する場合に限って，変数の上に点（ドット）をつけることになっている。$\dot{x}(t)$（あるいは $\dot{x}$）は，x を時刻で微分したものを意味する。今後は，瞬間の速度を単に**速度**とよぶことにする。

速度を視覚的に理解するには，$x(t)$ のグラフに**接線**を引いてみるとよい。ここで接線とはグラフとできるだけ交差しないように引いた直線のことである。図 1.2 で t_2 における瞬間の速度は，接線 ④ の傾きのことである。

— Memo —

運転席の速度計はどのようにして瞬間の速度を計っているのだろうか。実は，電車にはわずかな距離（これを Δx とする）進むごとに電気信号が発生する装置が取り付けられている。位置 x，時刻 t である電気信号が発生し，位置 $x + \Delta x$，時刻 $t + \Delta t$ に次の電気信号が発生したとすると，平均の速さは
$$\bar{v} = \frac{\Delta x}{\Delta t}$$
から求まる。実際には Δt は人間が感じることができないほど短い時間なので，この速度は，時刻 t における速度と考えても実用上さしつかえない。

例題 1.2 位置 x と時刻 t の関係が以下の関数で与えられる場合の速度を求めなさい。

(1) $x(t) = 3t$　　(2) $x(t) = 4\cos 2t$　　(3) $x(t) = 2t - 5t^2$

[解答]　(1) $v(t) = 3$　　(2) $v(t) = -8\sin 2t$　　(3) $v(t) = 2 - 10t$　　□

速度は位置を時刻で微分したものなので，反対に速度を時刻で積分すれば位置が求まる。時刻 t_0 における物体の位置 x_0 と，時刻 t_0 と t の間の物体の速度が与えられているとき，時刻 t における物体の位置 $x(t)$ は定積分を用いて

$$\boxed{x(t) = x_0 + \int_{t_0}^{t} v(\tau)\, d\tau} \tag{1.5}$$

と表される．ここでは積分変数は t ではなく別の文字 τ を用い，積分範囲の上限に t を用いていることに注意すること．

速度から位置を計算する場合に，不定積分を用いた表現法もある．その場合は

$$x(t) = \int v(t)\,dt \tag{1.6}$$

と書く．ここで，不定積分 $\int v(t)\,dt$ は，「微分したら $v(t)$ になる関数」を意味する．不定積分を計算する際には，問題の条件とあうように**積分定数**を定める必要がある．

例題 1.3 ある物体の速度が，時刻の関数として $v(t) = 3\sin 2t + 1$ のように与えられている．時刻 $t = 0$ の位置が $x = -1$ である場合，時刻 t における位置 $x(t)$ を求めなさい．

[解答] 定積分で表すと，

$$\begin{aligned}
x(t) &= -1 + \int_0^t (3\sin 2\tau + 1)\,d\tau = -1 + \left[-\frac{3}{2}\cos 2\tau + \tau \right]_0^t \\
&= -1 - \frac{3}{2}\cos 2t + t - \left(-\frac{3}{2}\right) = \frac{1}{2} - \frac{3}{2}\cos 2t + t
\end{aligned}$$

となる．不定積分を用いると，積分定数を C として

$$x(t) = \int (3\sin 2t + 1)\,dt = -\frac{3}{2}\cos 2t + t + C$$

となる．$t = 0$ で $x = -1$ となることから，積分定数が $C = \frac{1}{2}$ と求まる． □

1.1.4 加 速 度

電車の運転席の速度計を眺めると，駅を出発してしばらくは，時刻とともに速度が増していくのがわかる．このような状態を**加速**しているという．速度がどれだけすばやく変化するかを表す目安が**加速度**である．時刻 t_0 のときに v_0 だった速度が，時刻 t_1 で v_1 になったとすると，**平均の加速度**は

$$\frac{v_1 - v_0}{t_1 - t_0} \tag{1.7}$$

と定義される．加速度は速度の変化を時間で割ったものなので，(m/s)/s すなわち m/s^2 という単位をもつ．

例題 1.4 電車の速度計を眺めていたところ，$t = 1$ s で 6 m/s だった値が，$t = 3$ s で 2 m/s に変化した．この間の平均の加速度を求めなさい．

[解答]
$$\frac{(2-6)\,[\text{m/s}]}{(3-1)\,[\text{s}]} = -2\,\text{m/s}^2 \tag{1.8}$$

と計算される．加速度の値が負であることは，電車が減速していることを意味する． □

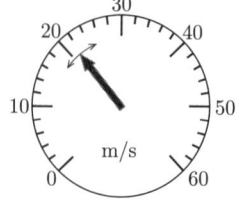

図 1.3 速度計の針の「速度」が加速度である．

1.1 直線運動

「速度計の針が動く速度」が加速度であると考えれば，**瞬間の加速度**が定義できる。1.1.3 項と同様の考察により，加速度は速度を時刻で微分したものとして

$$a(t) \equiv \frac{dv}{dt} = \dot{v}(t) \tag{1.9}$$

と定義される。さらに，速度は位置を時刻で微分したものであったので，これは

$$a(t) = \frac{d^2 x}{dt^2} = \ddot{x}(t) \tag{1.10}$$

と書くこともできる。ただし，変数の上に点が2つついたものは，時刻で2階微分することを意味する。今後は，瞬間の加速度を単に加速度とよぶことにする。

例題 1.5 位置 x と時刻 t の関係が以下の関数で与えられたとする。それぞれの場合について，加速度を求めなさい。

(1) $x(t) = 3t$ (2) $x(t) = 4\cos 2t$ (3) $x(t) = 2t - 5t^2$

[解答] 上の関数を時間で2階微分すると，
(1) $a(t) = 0$ (2) $a(t) = -16\cos 2t$ (3) $a(t) = -10$ □

加速度には符号がある。電車が負の向きに動きはじめる場合はもちろん，正の向きに走っていた電車がブレーキをかけて減速するときの加速度も負である。

加速度を時刻で積分すれば速度が得られる。$t = t_0$ における物体の速度 v_0 と $t_0 < \tau < t$ における物体の加速度 $a(\tau)$ が与えられたとき，時刻 t における速度 $v(t)$ は以下の積分で与えられる。

$$v(t) = v_0 + \int_{t_0}^{t} a(\tau)\, d\tau \tag{1.11}$$

--- *Memo* ---
通勤電車に新型車両が導入される場合，急行列車よりも各駅停車に使われることが多い。それは，スピードよりも加速や減速の性能が求められることが多いからである。各駅停車はスピードは出ないが加速や減速をひんぱんに繰り返すので，それらの性能が改善された新型車両のほうが活躍できる。

1.1.5 等加速度運動

加速度が時刻によらずに一定である運動を**等加速度運動**という。加速度を定数 a とし，物体の速度を積分で求めると，式 (1.11) により，

$$v(t) = v_0 + \int_{0}^{t} a\, d\tau \tag{1.12}$$

すなわち

$$v(t) = v_0 + at \tag{1.13}$$

が導かれる。ここで v_0 は $t = 0$ のときの速度であり，**初速度**という。式 (1.5) を用いてこの式をさらに積分すると，

$$x(t) = x_0 + \int_0^t v(\tau)\, d\tau = x_0 + \int_0^t (a\tau + v_0)\, d\tau \tag{1.14}$$

すなわち

$$x(t) = x_0 + v_0 t + \frac{1}{2} a t^2 \tag{1.15}$$

が導かれる。ただし，x_0 は $t = 0$ での位置である。このように，等加速度運動の場合，位置は時刻に関する 2 次関数になる。

例題 1.6 速さ 20 m/s で走る電車が急ブレーキをかけ，10 秒後に静止した。この間に電車は等加速度運動しているものとし，電車の加速度，止まるまでに進んだ距離をそれぞれ計算しなさい。

[解答] 式 (1.13) より，$0 = 20 + a \times 10$．よって加速度は，$a = -2 \text{ m/s}^2$ と求まる。式 (1.15) で，$x_0 = 0$ m, $v_0 = 20$ m/s, $a = -2 \text{ m/s}^2$, $t = 10$ s とおくと，止まるまでに進んだ距離が $x(10) = 20 \times 10 - 10^2 = 100$ m と求まる。 □

等加速度運動に使える便利な式をもう一つ導いてみよう。式 (1.13) を t について解くと，

$$t = \frac{v - v_0}{a} \tag{1.16}$$

となる。これを式 (1.15) に代入すると，

$$x = x_0 + v_0 \frac{v - v_0}{a} + \frac{1}{2} a \frac{(v - v_0)^2}{a^2}$$

したがって

$$2a(x - x_0) = \{2v_0 + (v - v_0)\}(v - v_0) = v^2 - v_0^2 \tag{1.17}$$

となり，時刻を含まない形の等加速度運動の公式

$$v^2 - v_0^2 = 2a(x - x_0) \tag{1.18}$$

が得られる。

例題 1.7 ある車はブレーキをかけると 1 秒間当たり 2 m/s で速度が低下する。

(1) 速度 10 m/s の車がブレーキをかけはじめてから止まるまでの距離を求めなさい。

(2) 速度 20 m/s の車がブレーキをかけはじめてから止まるまでの距離を求めなさい。

[解答] いずれも最初の位置を $x_0 = 0$ m, 最後の速度を $v = 0$ m/s, 加速度を $a = -2 \text{ m/s}^2$ として x を求めればよい。v_0 に最初の速度を代入し式 (1.18) を用いると，(1) $x = 25$ m, (2) $x = 100$ m となる。速度が 2 倍になると，止まるまでの距離は 4 倍になる。このことから，車の「危険度」はスピードの 2 乗に比例すると考えてよい。 □

1.1.6 落下運動

電車が発進して加速していくときや，ブレーキがかかり減速していくときは等加速度運動に近いが，運転手の意思でどのようにもなってしまう。一方，私たちの身近には，ほぼ完全な等加速度運動がある。それは，物体が落下するときの運動である。実験によると，空気抵抗や摩擦が無視できるなら，地上では **どのような物体も** 下向きに大きさ g （およそ 9.8 m/s^2）の**重力加速度**で落下していくことがわかる。

― Memo ―

古代ギリシャのアリストテレスの時代（紀元前4世紀）には，重い物ほど速く落ちると考えられていた。しかし，この考え方にはおかしなところがある。たとえば，重い物体と軽い物体をひもでくくりつけた場合を考えてみよう。速く落ちようとする重い物体と，ゆっくり落ちようとする軽い物体がひっぱりあう結果，全体としては中間の速さで落ちることになる。一方，2つの物体全体を1つと考えれば，全体としてさらに速く落ちていくと考えられるので，最初の考えと矛盾する。実際に，どのような重さの物体でも同じ速さで落下することを実験で初めて証明したのはイタリアの物理学者 ガリレオ・ガリレイ（1564–1642）であった。

落下運動について詳しく考えてみよう。鉛直上向きに y 軸をとり，物体の高さを変数 y で表す。重力加速度は下向きなので，加速度は $a = -g \approx -9.8 \text{ m/s}^2$ である。$t=0$ における物体の位置を y_0，速度を v_0 とすると，そっと手を離して落下させた場合は $v_0 = 0$，物体を真上に投げ上げた場合は $v_0 > 0$，投げ下ろした場合は $v_0 < 0$ である。等加速度運動の公式 (1.15) より，時刻 t における物体の位置 $y(t)$ は

$$y(t) = y_0 + v_0 t - \frac{1}{2} g t^2 \qquad (1.19)$$

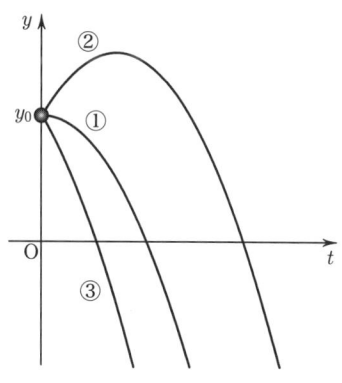

図 1.4 落下運動

である。時刻 $t=0$ で物体を初速度0でそっと落下させた場合，真上に投げた場合，真下に投げた場合の高さの変化を表すグラフはそれぞれ ①, ②, ③ である。

例題 1.8 重力加速度の大きさを 9.8 m/s^2 として，以下の問いに答えなさい。

(1) 井戸の中に小石をそっと落としたところ，3秒後に水面に到達した。井戸の深さを求めなさい。

(2) 同じ井戸に小石を真下に向かって投げ込んだところ，2秒後に水面に到達した。小石の初速度の大きさを求めなさい。

[解答] 下向きを正に座標軸をとる。

(1) 初速度が0なので，井戸の深さを d とすると，$d = \frac{1}{2} \times 9.8 \times 3^2 \approx 44 \text{ m}$ となる。

(2) 初速度の大きさを v_0 とすると，$44 = v_0 \times 2 + \frac{1}{2} \times 9.8 \times 2^2$ となり，これを解くと，$v_0 \approx 12 \text{ m/s}$ となる。

1.2 2次元，3次元空間での運動

1.2.1 位置ベクトル，変位ベクトル，距離

いままでは，直線上を運動している物体に話を限っていた。しかし，平面内を運動する物体の位置は2次元座標 (x,y) で，空間を運動する物体の位置は3次元座標 (x,y,z) で表さなくてはならない。このような場合，原点を始点とし，物体の位置を終点とした**位置ベクトル**を用いると便利である。本書では位置ベクトルを $\vec{r}$ と書く。位置ベクトルは成分を用いて $\vec{r}=(x,y,z)$ のように表す場合もある。

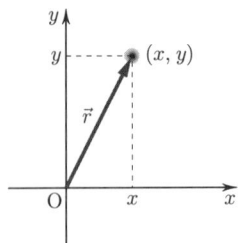

図 1.5 位置ベクトル

運動している物体では位置が時刻とともに変化するので，位置ベクトルとその成分は

$$\vec{r}(t) = (x(t), y(t), z(t)) \tag{1.20}$$

のように，時刻 t の関数になる。

位置の変化を表すベクトルを**変位ベクトル**，あるいは単に**変位**という。始め，終わりの位置をそれぞれ $\vec{r}_0, \vec{r}_1$ とすると，変位ベクトル $\Delta\vec{r}$ は

$$\Delta\vec{r} = \vec{r}_1 - \vec{r}_0 \tag{1.21}$$

と表される。成分で考えると，位置 (x_0, y_0, z_0) にあった物体が (x_1, y_1, z_1) に移動した場合の変位は

$$\Delta\vec{r} = (x_1 - x_0,\ y_1 - y_0,\ z_1 - z_0) \tag{1.22}$$

である。変位ベクトルの大きさ $|\Delta\vec{r}|$ は，始点と終点の**距離**を表し，三平方の定理を用いて

$$|\Delta\vec{r}| = \sqrt{(x_1 - x_0)^2 + (y_1 - y_0)^2 + (z_1 - z_0)^2} \tag{1.23}$$

と計算される。

例題 1.9 2次元空間で，位置 $(-1, 2)$ にあった物体が位置 $(3, -1)$ に移動した。

(1) 変位ベクトルを計算し，図示しなさい。

(2) 移動距離を求めなさい。

[解答] (1) $(3, -1) - (-1, 2) = (4, -3)$ である。変位は図の矢印のとおり。

(2) $\sqrt{4^2 + (-3)^2} = 5$ □

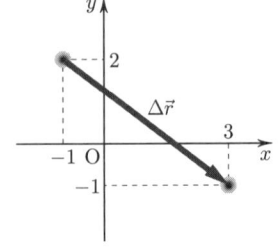

1.2.2 速度ベクトル

変位ベクトルを移動時間で割ったものを**平均の速度**という。たとえば，時刻 t_0 で位置 $\vec{r}_0$ にあった物体が時刻 t_1 で位置 $\vec{r}_1$ に移動した場合，t_0 と t_1 の間の平均の速度は

1.2 2次元，3次元空間での運動

$$\frac{\vec{r}_1 - \vec{r}_0}{t_1 - t_0} \tag{1.24}$$

と定義される。平均の速度はベクトルなので，大きさだけでなく向きももつ。

図 1.6 は，ある物体の位置を 0.5 秒おきに表したものである。この図から，たとえば $t = 0$ s と 2 s の間，$t = 0.5$ s と 1.5 s の間，$t = 0$ s と 0.5 s の間の平均の速度ベクトルがそれぞれ ①, ②, ③ の矢印で表されることがわかる。

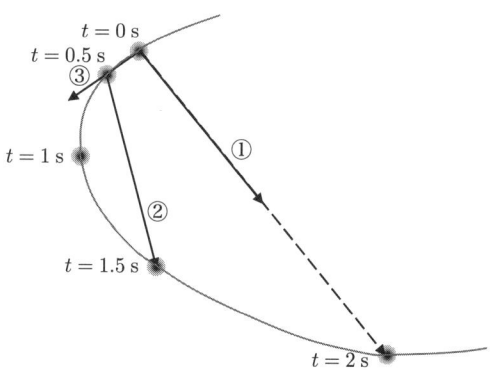

図 1.6　平均の速度ベクトル

1 次元の場合と同様，位置を時刻で微分すれば瞬間の**速度ベクトル**が求まる。速度ベクトルを成分を用いて $\vec{v}(t) = (v_x(t), v_y(t), v_z(t))$ と書くと，

$$\boxed{(v_x(t), v_y(t), v_z(t)) = (\dot{x}(t), \dot{y}(t), \dot{z}(t))} \tag{1.25}$$

と表すことができる。速度ベクトルの大きさ $|\vec{v}|$ を**速さ**あるいは**スピード**という。

例題 1.10　2 次元平面上の物体の位置 $\vec{r}$ が時刻 t の関数として $\vec{r}(t) = (A\cos\omega t, A\sin\omega t)$ のように与えられているとする。速度ベクトルと速さを計算しなさい。ただし，$A > 0$，$\omega > 0$ とする。

［解答］　それぞれの成分を時刻 t で微分することにより，速度ベクトルが

$$\vec{v}(t) = (-A\omega\sin\omega t, A\omega\cos\omega t)$$

と求められる。速さは，

$$|\vec{v}(t)| = \sqrt{(-A\omega\sin\omega t)^2 + (A\omega\cos\omega t)^2} = A\omega$$

となる。　□

速度ベクトルの式は，ベクトルのまま以下のように書くこともできる。

$$\boxed{\vec{v}(t) \equiv \frac{d\vec{r}}{dt} = \dot{\vec{r}}(t)} \tag{1.26}$$

この意味を図で考えてみよう。微分の定義から，

$$\vec{v}(t) = \lim_{\Delta t \to 0} \frac{\vec{r}(t + \Delta t) - \vec{r}(t)}{\Delta t} \tag{1.27}$$

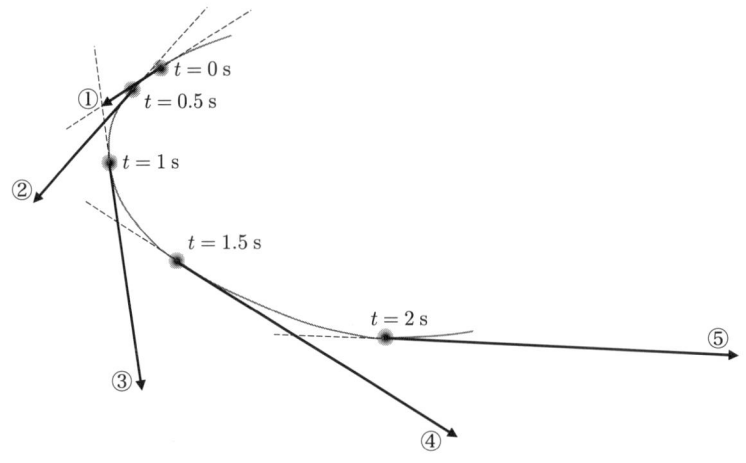

図 1.7 瞬間の速度ベクトル

である．分子は微小な変位であるが，それを微小な時間で割った $\vec{v}(t)$ は有限の大きさをもつベクトルになる．図 1.7 に示すように，速度ベクトルは運動の軌跡の接線方向を向き，その長さはスピードを表す．

1.2.3 加速度ベクトル

時刻 t_0 のときに $\vec{v}_0$ だった速度が，時刻 t_1 で $\vec{v}_1$ に変化したとする．この間の平均の加速度ベクトルは

$$\frac{\vec{v}_1 - \vec{v}_0}{t_1 - t_0} \tag{1.28}$$

と定義される．これを図で理解するため，たとえば，図 1.7 の軌跡にそって動く船を想像してみよう．船の中にはディスプレイがついていて，その瞬間の速度ベクトルが図 1.8 のように画面に矢印で表示されているとする．ただし，画面での速度ベクトルは，始点が常に原点に固定することにしよう．船が針路やスピードを変えるたびに，画面上での矢印の向きと長さが変わるので，これは速さだけでなく向きも知ることができる「ベク

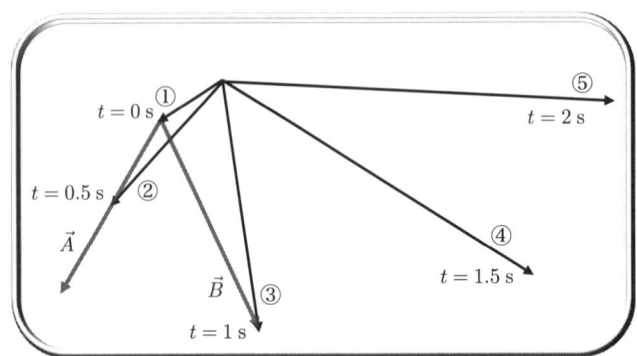

図 1.8 「ベクトル速度計」により，平均の加速度ベクトルを求める．速度ベクトルの番号は図 1.7 の番号に対応している．

1.2 2次元，3次元空間での運動

トル速度計」といえる。画面ではベクトルの始点が固定されているので，ベクトルの引き算は，ベクトルの終点どうしを結んだベクトルとして簡単に考えることができる。たとえば，時刻 0 s と 0.5 s の間の平均の加速度はベクトル $\vec{A}$，また時刻 0 s と 1 s の間の平均の加速度はベクトル $\vec{B}$ によって表される。

1 次元の場合と同様の考えにより，2 次元，3 次元の瞬間の加速度ベクトルは

$$\vec{a}(t) \equiv \dot{\vec{v}}(t) = (\dot{v}_x(t), \dot{v}_y(t), \dot{v}_z(t)) \tag{1.29}$$

または

$$\vec{a}(t) = \ddot{\vec{r}}(t) = (\ddot{x}(t), \ddot{y}(t), \ddot{z}(t)) \tag{1.30}$$

と定義される。

瞬間の加速度ベクトルを「ベクトル速度計」で考えてみよう。図 1.7 では 0.5 秒おきの速度ベクトルを描いたが，実際にはどの瞬間も速度ベクトルは存在し，時刻とともに大きさと向きが連続的に変化している。ここで，速度ベクトルの終点 (省略して「速度点」とよぶことにする) に着目すると，それは，たとえば図 1.9 のような軌跡を描いて画面上を「運動」していることだろう。この「速度点の運動」に対しての「瞬間の速度」は，速度点の軌跡の接線方向を向く。たとえば，図 1.9 には $t = 0.5$ s における「速度点の速度」ベクトルが描かれているが，これが $t = 0.5$ s における瞬間の加速度ベクトルである。

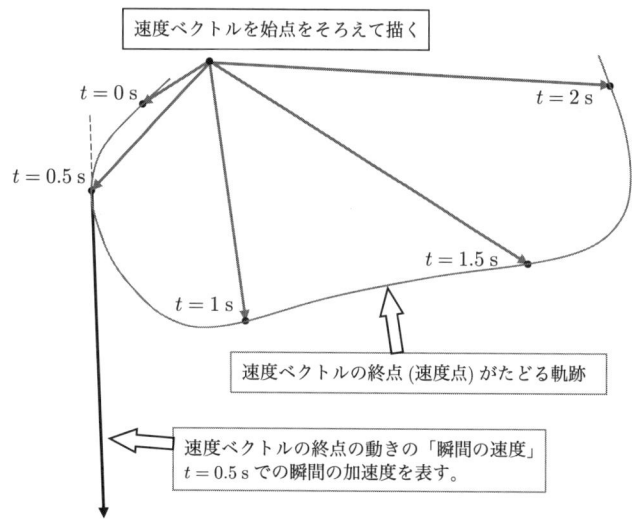

図 1.9 速度ベクトルの終点の「運動」から，瞬間の加速度ベクトルを求める。

加速度を積分すると速度が，速度を積分すると位置が求まる。これらの関係を以下にまとめる。

$$\vec{v}(t) = \vec{v}(t_0) + \int_{t_0}^{t} \vec{a}(\tau) \, d\tau \tag{1.31}$$

$$\boxed{\vec{r}(t) = \vec{r}(t_0) + \int_{t_0}^{t} \vec{v}(\tau)\,d\tau} \tag{1.32}$$

成分で表すと，式 (1.31) は

$$\begin{cases} v_x(t) = v_{x0} + \int_{t_0}^{t} a_x(\tau)\,d\tau \\ v_y(t) = v_{y0} + \int_{t_0}^{t} a_y(\tau)\,d\tau \\ v_z(t) = v_{z0} + \int_{t_0}^{t} a_z(\tau)\,d\tau \end{cases} \tag{1.33}$$

となり，式 (1.32) は

$$\begin{cases} x(t) = x_0 + \int_{t_0}^{t} v_x(\tau)\,d\tau \\ y(t) = y_0 + \int_{t_0}^{t} v_y(\tau)\,d\tau \\ z(t) = z_0 + \int_{t_0}^{t} v_z(\tau)\,d\tau \end{cases} \tag{1.34}$$

となる．

1.2.4 等加速度運動

加速度 (ベクトル) が一定である運動を**等加速度運動**という．1 次元の場合と異なり，加速度の方向は運動の方向と同じとは限らない．加速度 $\vec{a}$ が時刻によらないとして式 (1.31) の積分を実際に計算すると，速度と位置がそれぞれ，

$$\boxed{\vec{v}(t) = \vec{v}_0 + \vec{a}t} \tag{1.35}$$

$$\boxed{\vec{r}(t) = \vec{r}_0 + \vec{v}_0 t + \frac{1}{2}\vec{a}t^2} \tag{1.36}$$

と求まる．ここで，$t = 0$ での速度と位置をそれぞれ $\vec{v}_0, \vec{r}_0$ とおいた．

特殊な例として加速度が 0 の運動がある．この場合，速度は

$$\vec{v}(t) = \vec{v}_0 \tag{1.37}$$

のように一定で，位置は

$$\vec{r}(t) = \vec{r}_0 + \vec{v}_0 t \tag{1.38}$$

となる．これは，直線上を一定の速さで移動する運動を表し，**等速直線運動**という．

1.2.5 放物運動

地上で物体を放り投げると，空気抵抗がない場合は**放物線**という軌跡を描いて飛んでいく．これを**放物運動**という．投げる角度や速度によって軌跡はさまざまに異なるが，

いずれも同じ加速度 $\vec{g}$ をもつ等加速度運動であることが確かめられている。ここで $\vec{g}$ を**重力加速度**ベクトルとよぶ。$\vec{g}$ の大きさは $g \approx 9.8 \mathrm{~m/s^2}$, 向きは鉛直下向きである。この運動を詳しく考えてみよう。

放物線はある平面に含まれるので，物体の位置を 2 次元座標で表してよい。水平方向に x 軸，鉛直上向きに y 軸をとると，加速度は $\vec{g} = (0, -g)$ と書くことができる。式 (1.35), 式 (1.36) を用いると，速度と位置は

$$\begin{cases} v_x(t) = v_{x0} \\ v_y(t) = v_{y0} - gt \end{cases} \quad (1.39)$$

および

$$\begin{cases} x(t) = x_0 + v_{x0}t \\ y(t) = y_0 + v_{y0}t - \frac{1}{2}gt^2 \end{cases} \quad (1.40)$$

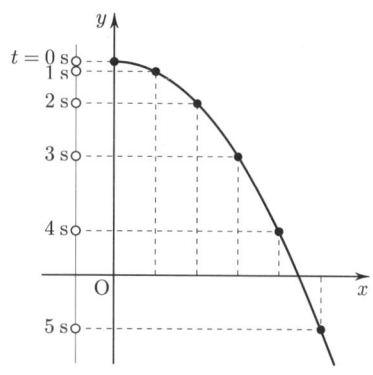

図 1.10　水平に放り投げた物体の軌跡

と求まる。ただし，$t=0$ における速度と位置をそれぞれ (v_{x0}, v_{y0}), (x_0, y_0) とした。

x 座標だけをみると，これは等速直線運動と同じであり，y 座標だけをみれば，1 次元の落下運動の式 (1.19) と同じである。たとえば図 1.10 の黒丸は物体を真横に投げた場合の軌跡，白丸は初速度 0 から落下させた場合の軌跡を表すが，両者の位置の垂直成分は完全に一致する。

例題 1.11　放物運動の計算の応用例として，モンキーハンティングという有名な問題を考えてみよう。木にぶら下がっているサルを，子どもがおもちゃの鉄砲で狙っているとする。子どもの位置からサルの真下の位置までの距離を l, 子どもがサルを見上げた角度を θ とする。弾丸といえども重力を受けるので，その軌跡はまっすぐではなく必ず放物線を描く。ところが，子どもは (物理を知らないので) 弾丸がまっすぐ飛ぶと思い込んでサルに

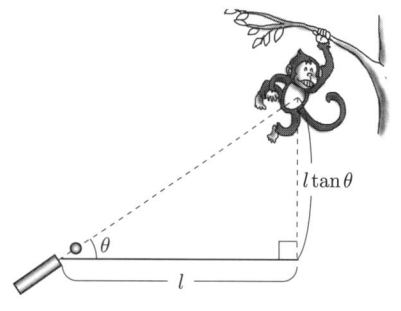

図 1.11　モンキーハンティング

狙いをつけている。一方，サルは弾丸が発射された瞬間に，「バン！」という発射音にびっくりして木から手を離してしまう。このような状況で，弾丸はサルに当たるだろうか，考察しなさい。

[解答]　まず弾丸の運動を考える。鉄砲の銃口の位置を $(0,0)$ としよう。弾丸の初速度の大きさを v_0 とすると，時刻 t での弾丸の位置は

$$\vec{r}_\mathrm{b}(t) = \left(v_0 t \cos\theta,\ v_0 \sin\theta \cdot t - \frac{1}{2}gt^2 \right)$$

となる。一方，サルは最初高さ $l\tan\theta$ の位置にいて，時刻 $t=0$ のときに手を離して自由落下するので，時刻 t でのサルの位置は

$$\vec{r}_{\mathrm{m}}(t) = \left(l, l\tan\theta - \frac{1}{2}gt^2\right)$$

となる。

　弾丸がサルに当たるかどうかは，弾丸の x 座標がサルの x 座標と一致した時刻で，y 座標どうしも一致するかを調べればよい。両者の x 座標が一致する時刻を t_1 とすると，$v_0\cos\theta\cdot t_1 = l$ が成り立つ。その瞬間の弾丸の y 座標は

$$v_0\sin\theta\cdot t_1 - \frac{1}{2}gt_1^2 = \frac{v_0\sin\theta\cdot l}{v_0\cos\theta} - \frac{1}{2}gt_1^2 = l\tan\theta - \frac{1}{2}gt_1^2$$

となり，時刻 t_1 のときのサルの y 座標に一致する。したがって，弾丸の初速度 v_0 がどんな値であれ，弾丸は必ずサルに命中してしまう。　　　　　　　　　　　　　　　　　　　□

1.2.6　等速円運動と向心加速度

　円周上を一定の速さで回り続ける運動を**等速円運動**という。速さは一定でも向きが変化するため，速度は一定ではない。この運動の加速度を求めてみよう。

　図 1.12 (a) のように，物体が半径 r の円周上を一定の速さ v で運動しているとする。円運動の周期，すなわち 1 周するのにかかる時間を T とすると，

$$T = \frac{2\pi r}{v} \tag{1.41}$$

となる。速度ベクトルは円の接線方向を向いているので，常に位置ベクトルと直交する。

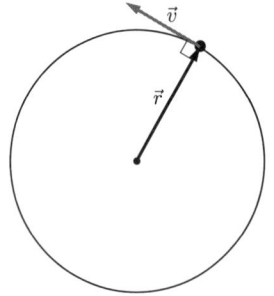
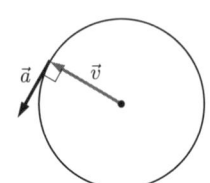

(a) 位置を表した図 (円の半径 r)　　(b) 速度を表した図 (円の半径 v)

図 1.12　円運動の位置ベクトルと速度ベクトル

　次に，原点に始点を固定して速度ベクトルを描いた「ベクトル速度計」(図 1.12 (b)) を用いて加速度ベクトルを求めてみる。速度ベクトルの終点は半径 v の円周上を周期 T で回っているので，その「速度」である加速度の大きさは

$$a = \frac{2\pi v}{T} \tag{1.42}$$

である。これに式 (1.41) を代入すると，加速度の大きさが

$$\boxed{a = \frac{v^2}{r}} \tag{1.43}$$

と求まる。

1.2 2次元，3次元空間での運動

加速度ベクトルは速度ベクトルと直交し，位置ベクトルと正反対の向き，すなわち円の中心を常に向いていることがわかる (図 1.13)。この性質から，等速円運動における加速度を，**向心加速度**とよぶ。

以上の結論は，微分を用いると簡単に導くことができる。円の中心を 2 次元座標軸の原点にとると，等速円運動する物体の位置は

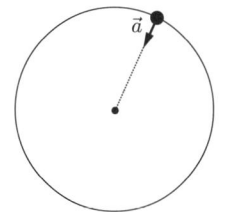

図 1.13 円運動の加速度

$$\vec{r}(t) = (x(t), y(t)) = (r\cos\omega t, r\sin\omega t) \tag{1.44}$$

と書くことができる。ただし，$t = 0$ での物体の位置が $(r, 0)$ となるように座標軸をとった。ここで**角速度** ω は 1 秒間当たりの角度の変化をラジアン単位で表したものであり，回転の速さを表す。

位置を時刻で微分することにより，速度ベクトルが

$$\vec{v}(t) = (v_x(t), v_y(t)) = r(-\omega\sin\omega t, \omega\cos\omega t) \tag{1.45}$$

と求まる。この式の両辺の絶対値をとると，$v = r\omega$ となる。ただし，v は速さ $|\vec{v}|$ のことである。この式から角速度 ω の大きさは

$$\omega = \frac{v}{r} \tag{1.46}$$

のように，速さを半径で割ったものであることがわかる。

速度をさらに時刻で微分して加速度ベクトルを求めると，

$$\begin{aligned}\vec{a}(t) = (a_x(t), a_y(t)) &= r(-\omega^2\cos\omega t, -\omega^2\sin\omega t) \\ &= -\omega^2 \vec{r}(t) \\ &= -\frac{v^2}{r}\frac{\vec{r}(t)}{r}\end{aligned} \tag{1.47}$$

となる。$\dfrac{\vec{r}(t)}{r}$ は円の中心から物体へ向かう向きの単位ベクトルであるので，加速度ベクトルは常に円の中心を向いていることがわかる。加速度の大きさを a とすると

$$a = \frac{v^2}{r} \tag{1.48}$$

である。また，式 (1.46) で与えられる角速度 ω を用いて向心加速度を表すと，

$$a = r\omega^2 \tag{1.49}$$

となる。

例題 1.12 半径 200 m の円周にそったカーブを，速さ 20 m/s で曲がる電車の加速度の向きと大きさを求めなさい。

[解答] 加速度はカーブの内側を向き，その大きさは $a = \dfrac{20^2}{200} = 2$ m/s^2 である。 □

例題 1.13 半径 r の円周上を，等速ではなく速さ v を変化させながら運動する物体の加速度を求めなさい。ただし，時刻 t における速さを $v(t)$ とする。

[解答] 物体の位置は $\vec{r} = r(\cos\theta(t), \sin\theta(t))$ である。ただし，速さ $v(t)$ と角度 $\theta(t)$ の間には，$v(t) = r\dot{\theta}(t)$ という関係がある。まず，式 $\vec{r}$ を t で微分して速度ベクトルを求めると

$$\vec{v} = \dot{\vec{r}} = r(-\dot{\theta}(t)\sin\theta(t), \dot{\theta}(t)\cos\theta(t)) = v(t)(-\sin\theta(t), \cos\theta(t))$$

となり，速度ベクトルが進行方向を向いていることが確かめられる。これをさらに t で微分して加速度ベクトルを計算すると

$$\vec{a} = v(t)(-\dot{\theta}(t)\cos\theta(t), -\dot{\theta}(t)\sin\theta(t)) + \dot{v}(t)(-\sin\theta(t), \cos\theta(t))$$

となる。これを半径方向と進行方向の単位ベクトルを用いて整理すると

$$\vec{a} = -\frac{v^2}{r}\frac{\vec{r}}{r} + \dot{v}\frac{\vec{v}}{v}$$

となる。つまり，速さが変化する円運動の場合には，向心加速度に加えて $\dot{v}$ の加速度が進行方向に発生する。

― Memo ―

スマートフォンやゲーム機などには加速度センサーという電子部品が入っており，装置を傾けたり振ったりして機器をコントロールするために使われている。また，カーナビゲーションにも加速度センサーが使われている場合があり，加速度を積分して速度や位置を求めている。加速度を測定するのは大変なように思うかもしれないが，第8章で述べる慣性力を用いると簡単に測定できることがわかる。
人間の体も慣性力を感じるので，高性能の加速度センサーが備わっているといえる。電車が急ブレーキをかけたり，エレベータが動き始めたり，車がカーブを曲がったりするのはいずれも加速度運動であるが，たとえ目をつぶっていても，これらの加速度は体で感じることができる。

練習問題 1

1.1 ある高層ビルのエレベーターは分速 750 m で上昇する。この速さを m/s および km/h で表しなさい。

1.2 時刻 0 s で小石を 0 m の高さから初速度 7 m/s で鉛直上向きに放り投げた。小石の高さが 2.1 m になる時刻を求めなさい。ただし，重力加速度の大きさを 9.8 m/s とする。

1.3 30 m/s の速さで走行している自動車がある。以下のそれぞれの場合について，ブレーキをかけはじめてから静止するまでの時間と，その間に走行した距離を求めなさい。
　(1) 最初に弱いブレーキ (加速度 -1 m/s^2) をかけて速度を 15 m/s まで落とし，その後 強いブレーキ (加速度 -2 m/s^2) をかけて静止した場合。
　(2) 最初に強いブレーキ (加速度 -2 m/s^2) をかけて速度を 15 m/s まで落とし，その後 弱いブレーキ (加速度 -1 m/s^2) をかけて静止した場合。

1.4 時刻 0 s で A 駅に静止していた電車が動き出し，B 駅まで移動した。その間の加速度を調べたところ，時刻 0 s から 20 s までは加速度 1 m/s^2，時刻 20 s から 80 s までは加速度 0 m/s^2，時刻 80 s からは加速度 -0.8 m/s^2 で走行し，B 駅に静止した。B 駅に到着した時刻と，A 駅から B 駅までの距離を求めなさい。

1.5 静止していた物体に，大きさ 2 m/s^2 で東向きの加速度を 3 秒間与えた直後，大きさ 1 m/s^2 で北向きの加速度を 2 秒間与えた。その後，加速度 0 で 1 秒間放置した物体の位置を求めなさい。

1.6 大きさ v_0 の初速度でボールを斜め上に投げ上げ，できるだけ遠くにノーバウンドで届かせたい。投げ上げる角度をどうすればよいか。ただし，空気抵抗は無視する。

2
運動の法則と力

前章では，物体の運動のようすを数学的に表す方法を学んだ。それでは，物体はなぜ運動するのだろうか。ここではあらたに「力」や「質量」という物理量について学び，それらと物体の運動との関係を考察する。

2.1 運動の法則

2.1.1 慣性の法則と質量

物体を押したり引いたりするはたらきを，とりあえず力とよぶことにしよう。それでは，力を加えていない物体は必ず静止するのだろうか。確かに，じゅうたんの上の椅子は，人間が押している間は動くが何もしなければ静止している。しかし，スケートリンク上の椅子は，人間が押している間だけでなく手を離した後もしばらく動き続ける。このことから，力を加えていない物体は静止する，とは必ずしもいえないことがわかる。

それでは，人間の手を離れた後の椅子は，本当に力を受けていないといえるだろうか。人間が触っていなくても，椅子の足はじゅうたんやスケートリンクに接しているので，それらから力を受けている可能性がある。じゅうたんはザラザラしているので，手でなでると動きが妨げられるように感じるが，スケートリンクはツルツルしているのであまり抵抗を感じない。このことから，力がはたらいていない物体を想像するには，じゅうたんよりもスケートリンク上のほうがふさわしいことがわかる。

スケートリンク上で椅子を押してから手を離すと，椅子は手を離した瞬間の速さを保ったまま，同じ向きに運動し続けようとする。物体がもつこのような性質を**慣性**といい，物体が慣性をもつことを**慣性の法則**という。

> **慣性の法則**
> 力を受けていない物体は，一定の速度を保ったまま運動し続ける。

前章で説明したように，速度は大きさと向きをもつので，慣性の法則は，速さと運動の向きの両方が保たれる性質である。また，速度は0であってもかまわないので，慣性の法則には「静止している物体は，力を受けないかぎり静止し続ける」という場合も含

まれている。この法則はイギリスの物理学者アイザック・ニュートン (1643–1727) が初めて整理したのでニュートンの第 1 法則ともよばれる。

慣性の大きさを調べるには，物体の速度を変えるのが簡単なのかそうでないのかを調べればよい。静止しているゴルフボールと鉄球をそれぞれゴルフクラブで打つと，ゴルフボールはよく飛ぶが鉄球はあまり飛ばない。このことから，ゴルフボールよりも鉄球のほうが速度を変えたくない性質，つまり「慣性」が強いということがいえる。物理学では，慣性の強さを**質量**といい，kg (キログラム) という単位で表す。質量は向きがなく大きさのみをもつスカラー量である。

Memo

私たちはふだん「質量」と「重さ」を同じ意味で用いることが多いが，物理学では厳密に区別する。月面上で体重を計ると，体重計の値は地球上の 6 分の 1 ほどの値になる。このとき減ったのは質量ではなく重さのほうである。たとえば，月面上では体重 180 kg の力士をおんぶしても 30 kg の重さにしか感じられないはずである。(本当は月では重たい宇宙服を着なくてはならないが，それは考えないことにしよう。) しかし，力士の質量は 180 kg のままで，慣性の強さは変化していない。もし，無重力空間で，質量 60 kg の人と質量 180 kg の力士が衝突したとしたら，激しくふっ飛ばされるのは 60 kg の人のほうである。これは，力士のほうが慣性が強いからである。

2.1.2 運動方程式

慣性の法則は「力とは物体に加速度を与える作用である。」といいかえることができる。さらに前節で述べたように，物体に同じ力を加えた場合でも，質量が小さい物体では大きな加速度を与えることができるのに対し，質量が大きい物体では小さな加速度しか与えることができない。ニュートンは，力を $\vec{F}$，質量を m，加速度を $\vec{a}$ とすると，

$$m\vec{a} = \vec{F} \tag{2.1}$$

という関係が成り立つと考えた。これを**運動方程式**，あるいはニュートンの**第 2 法則**という。この式により，力を明確な物理量として定量的に定義することができた。

加速度は大きさと向きをもつベクトル，質量は向きをもたないスカラーなので，それらの積である力はベクトルである。これは，力には大きさと向きがあるという直観とあう。力は質量 × 加速度なので，[kg·m/s^2] という単位をもつ。この単位を省略して [N] と書き，ニュートンとよぶ。物体に加える力の向きは，運動の向きと同じとはかぎらない。たとえば図 2.1 (右) のように，直進していた物体に，矢印で示した力を加えると，物体は進路を変えて曲がる。仮に速さが変化していなくても，運動の向きが変わっていれば力がはたらいたことになる。

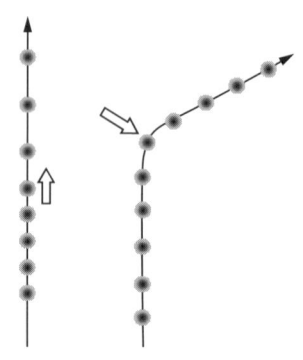

図 2.1 力 (矢印) を加えた場合の運動の変化

2.1 運動の法則　　　　　　　　　　　　　　　　　　　　　　　　　　　　　　19

例題 2.1　静止していた質量 30 kg の物体を一定の力で引っぱり続けたら，3 秒後には速さが 2 m/s になった。力の大きさを求めなさい。

［解答］　物体の加速度は $a = \frac{2}{3}$ m/s^2 である。これに質量をかけると力は $F = 30 \times \frac{2}{3} = 20$ N となる。　□

例題 2.2　速さ 10 m/s で運動している 2 kg の物体に，大きさ 4 N の力を運動の向きと反対に加え続けた。物体が静止するのは何秒後か。

［解答］　力を質量で割ることにより，物体の加速度が，$a = \frac{-4}{2} = -2$ m/s^2 と求まる。ただし，運動の向きを正の向きとした。速度が 0 になる時刻は，$\frac{-10}{-2} = 5$ 秒後 となる。　□

2.1.3　力の合成，分解

1 つの物体に複数の力が同時にはたらいているとき，それらをまとめて 1 つの力とみなすことができる。このような考え方を**力の合成**といい，合成された力を**合力**という。合力は，それぞれの力のベクトルをたしあわせたものである。たとえば，物体に複数の力 $\vec{F}_1, \vec{F}_2, \vec{F}_3, \cdots, \vec{F}_n$ が同時にはたらいているとき，合力 $\vec{F}$ は，

$$\vec{F} = \vec{F}_1 + \vec{F}_2 + \cdots + \vec{F}_n = \sum_{j=1}^{n} \vec{F}_j \tag{2.2}$$

となる。

例題 2.3　ある物体に，x 軸方向に 3 N の力，y 軸方向に 3 N の力を同時に加えた。合力の向きと大きさを答えなさい。

［解答］　それぞれの力を $\vec{F}_1, \vec{F}_2$ とする。成分で表すと，$\vec{F}_1 = (3,0), \vec{F}_2 = (0,3)$ である。合力 F はこれらをたしたものなので，成分は，$\vec{F} = (3,3)$ である。このベクトルの向きは，x 軸から反時計回りに 45° の向き，大きさは，$\sqrt{3^2 + 3^2} \approx 4.24$ N である。　□

逆に，1 つの力を複数の力の和と考えたほうが都合がよい場合もある。このような考え方を**力の分解**といい，分解されたそれぞれの力を**分力**という。

例題 2.4　地面に置かれた物体に，地面から 30° 上方の向きに 5 N の力を加えた。この力を，地面にそった方向の力と地面に垂直な力に分解した場合の，それぞれの分力の大きさを求めなさい。

［解答］　地面にそった方向に x 軸，地面に垂直に y 軸をとる。加えた力を成分で表すと，$(5\cos 30°, 5\sin 30°)$ となる。これを 2 つの力に分解すると，x 軸方向に $5\cos 30° \approx 4.3$ N の分力，y 軸方向に $5\sin 30° = 2.5$ N の分力がはたらいているとみなせる。　□

2.1.4　力のつりあい

私たちのまわりの多くの物体は静止している。静止している物体の加速度は 0 なので，物体にはたらいているすべての力の合力は 0 である。この状態を，物体にはたらく力が**つりあっている**という。

例題 2.5 図のようにAさん，Bさん，Cさんが1つの物体を引っぱりあっている。このうちCさんは大きさ3 Nの力で図の矢印の向きに引っぱっているとする。物体が静止しているとき，AさんとBさんがそれぞれ加えている力の大きさを求めなさい。

[解答] Aさん，Bさん，Cさんが加えている力をそれぞれ $\vec{F}_A, \vec{F}_B, \vec{F}_C$ とすると，$\vec{F}_A + \vec{F}_B + \vec{F}_C = \vec{0}$ である。図の右向きにx軸，上向きにy軸をとり，つりあいの式を成分で表すと，

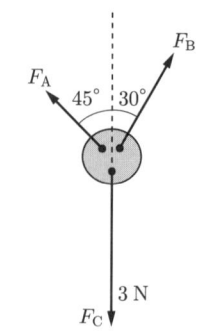

図 2.2 三力のつりあい

$$(-F_A \sin 45° + F_B \sin 30°, -3 + F_A \cos 45° + F_B \cos 30°) = (0, 0)$$

となる。ただし，$|\vec{F}_A| = F_A, |\vec{F}_B| = F_B$ とした。x成分に関する等式から，$\sqrt{2} F_A = F_B$ という関係が求まる。これをy成分の等式に代入すると，

$$F_A = 3 \frac{\sqrt{3}-1}{\sqrt{2}} \approx 1.55 \text{ N}, \quad F_B = 3\left(\sqrt{3}-1\right) \approx 2.20 \text{ N}$$

となる。 □

なお，力を図示する場合は，どの物体に力がはたらいているかを明確に示さなければならない。そのためには，力のベクトルの始点を力がはたらいている物体の 内部 に描く必要がある。外側や境界に書いてしまうと，力がはたらいている対象が何だかわからなくなってしまう。

2.1.5 作用・反作用の法則

スケートリンク上で友達と押しあうと，相手から力を受けた結果それぞれに加速度が発生し，友達も自分も動き出すだろう。それでは友達の代わりに，友達と同じ質量のマネキンを押したらどうなるだろうか。実はこの場合でもまったく同様に，自分もマネキンも動いてしまう。このことは，自分が一方的にマネキンを押しているつもりでも，マネキンからも押されていることを意味する。この

図 2.3 スケートリンクの上での押しあい

とき自分がマネキンを押す力とマネキンが自分を押す力は，常に同じ大きさで向きが正反対である。

一般に，物体Aと物体Bが互いに力をおよぼしあっているとする。このとき，物体Aが物体Bにおよぼす力（これを 作用 とよぶ）を $\vec{F}_{AB}$，物体Bが物体Aにおよぼす力（これを 反作用 という）を $\vec{F}_{BA}$ とすると，必ず

$$\boxed{\vec{F}_{AB} = -\vec{F}_{BA}} \tag{2.3}$$

が成り立つ．これを作用・反作用の法則，または**ニュートンの第3法則**という．

この法則を力のつりあいと混同してはならない．力のつりあいは，1つの物体にはたらく複数の力の関係であり，作用・反作用の法則は，2つの物体がおよぼしあっている力どうしの関係に関する法則である．

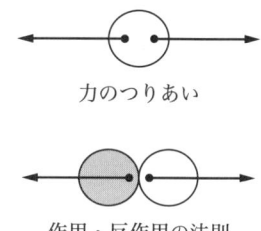

図 2.4 力のつりあいと作用・反作用の法則の違い

2.2 いろいろな力

2.2.1 重　力

第1章で述べたように，放物運動する物体の加速度 $\vec{a}$ は重力加速度 $\vec{g}$ に等しいので，$\vec{a} = \vec{g}$ である．両辺に物体の質量 m をかけると，

$$m\vec{a} = m\vec{g} \tag{2.4}$$

となる．これは運動方程式の形をしており，右辺は力を表すので，

> **重　力**
>
> 質量 m の物体には，大きさ mg の重力が鉛直下向きにはたらく．

という結論が得られる．地上では質量があるすべての物体は重力から逃れることはできない．重力の大きさは質量に比例するので，質量が大きい物体ほど強く引っぱられることになる．その一方で，質量が大きい物体は慣性が強いので，力を加えても容易に加速されない．この2つの効果が相殺されて，物体は質量によらず同じ加速度で落ちていく．

例題 2.6 質量 30 kg の物体にはたらく重力の大きさを求めよ．ただし，重力加速度の大きさを 9.8 m/s^2 とする．

[解答] 質量と重力加速度をかけることにより，力の大きさが

$$30 \times 9.8 = 294 \text{ N}$$

と求められる．

Memo

式 (2.4) では両辺に質量 m が現れるが，実はその起源は異なる．左辺の m は慣性の強さという立場から定義した質量のことなので，厳密には**慣性質量**という．一方，右辺は重力の強さから定義した質量なので**重力質量**という．これらが同じ意味をもつおかげで，慣性の強さを測定する代わりに，重さを測ることで質量を知ることができるのである．ドイツ生まれの物理学者アルバート・アインシュタイン (1879–1955) は，これら2つの質量に本質的な違いがないことを「等価原理」として要請し，一般相対性理論をつくりあげた．

2.2.2 張　力

天井からひもで物体をつるすと，物体は静止する。これは，ひもが重力を打ち消す力を上向きに与えているからである。このように，ひもなどが物体を引っぱる力のことを**張力**という。張力は必ずひもにそった向きを向く。ひもの端は物体を引っぱっているが，その反作用としてひもは物体に引っぱられている。この力も張力という。

ある一本のひもにかかっている合力を $\vec{F}$，ひもの質量と加速度をそれぞれ $m, \vec{a}$ とすると，ひもは運動方程式 $m\vec{a} = \vec{F}$ にしたがって運動する。通常，ひもはとても軽いので，質量を無視して $m = 0$ とすることができる。その場合，たとえ加速度があったとしても $\vec{F} = 0$ となり，ひもにかかっている力は常につりあっている。このことから，同じひもの両端の張力の大きさは必ず等しいといえる。たとえば，2 台の車がロープで結ばれて走っている場合，ひもが前の車をひっぱる力と後ろの車をひっぱる力は，常に同じ大きさである。この性質は，たとえ車が加速度運動していても成り立つ。

図 2.5　同じひもの両端にはたらく張力の大きさは必ず同じ

例題 2.7　質量 m_1 と質量 m_2 の物体が図 2.6 のようにひもでつながれ，天井からつり下げられて静止している。それぞれのひもの張力を求めなさい。ただし，重力加速度の大きさを g とする。

[解答]　物体は静止しているので，それぞれの物体の力のつりあいを考えればよい。下の物体には，下向きに重力 $m_1 g$，上向きに張力 T_1 がはたらいているので，力のつりあいより

$$T_1 = m_1 g$$

である。一方，上の物体には，下向きに重力 $m_2 g$ と張力 T_1，上向きに張力 T_2 がはたらいている。力のつりあいより

$$T_2 = m_2 g + T_1 = (m_1 + m_2)g$$

となる。　　　　　　　　　　　　　　　　　□

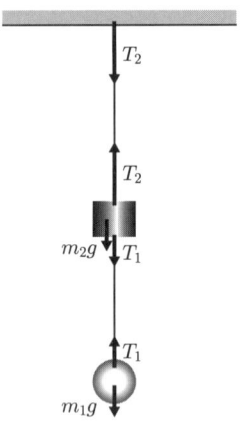

図 2.6　ひもでつり下げられた 2 つの物体

ひもの一端に大きさ T の張力がはたらいているとき他端にも大きさ T の張力がはたらくという性質は，実は途中でひもの向きが変えられているときでも成り立つことがわかっている。たとえば図 2.7 のように，なめらかな鉄棒によく滑るひもをひっかけて，両方に物体をつるす。このとき，物体が静止していられるのは，両方の物体の質量が等しい場合だけである。

例題 2.8 図 2.7 で左右の物体の質量が異なる場合，物体はどのように運動するか考察しなさい。ただし，左右の物体の質量をそれぞれ m_1, m_2，重力加速度の大きさを g とし，ひもはたるまないものとする。

[解答] 2つの物体はたるまないひもでつながれているので，左の物体の位置が決まれば右の物体の位置も自動的に決まる。左の物体では上，右の物体では下を正の向きとしよう。ひもの張力の大きさを T とすると，左の物体にかかる合力は $T - m_1 g$，右の物体にかかる合力は $m_2 g - T$ となる。m_1 と m_2 が異なる場合，それぞれの物体の合力が同時に0になることはありえないので，物体は加速度運動する。2つの物体はひもで結ばれているので，両者の加速度は同じ値でなくてはならない。その加速度を a とおき，それぞれの物体に関する運動方程式を書くと，

$$\begin{cases} m_1 a = T - m_1 g \\ m_2 a = m_2 g - T \end{cases}$$

となる。これらから加速度が $a = \dfrac{m_2 - m_1}{m_2 + m_1} g$ と求まる。一方，張力を求めると $T = \dfrac{2 m_1 m_2}{m_2 + m_1} g$ となる。 □

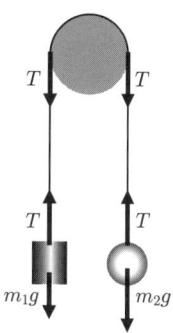

図 2.7 ひもの両端に物体をつるす

例題 2.9 上の例題 2.8 の場合，ひもが鉄棒に与えている力の向きと大きさを答えなさい。

[解答] 鉄棒の断面の左端と右端には，それぞれ大きさ T の張力が下向きにかかっているので，鉄棒全体にかかる力は下向きで，大きさは $2T = \dfrac{4 m_1 m_2}{m_2 + m_1} g$ である。 □

例題 2.10 図 2.8 は，上下に動くことができる滑車 (**動滑車**) と，天井に固定された滑車 (**静滑車**) を組み合わせた道具である。動滑車に質量 m の物体がつるされているとき，物体が落下しないようにするために，ひもの端に加えるべき力の大きさ F を求めなさい。ただし，滑車やひもの質量は無視できるものとする。

[解答] ひもの張力を T とする。動滑車にはたらく力のつりあいより，

$$mg = 2T$$

である。ひもに加える力 F は張力 T に等しいので，

$$F = \frac{1}{2} mg$$

である。このしくみを用いれば，重力の半分の力で物体を持ち上げることができる □

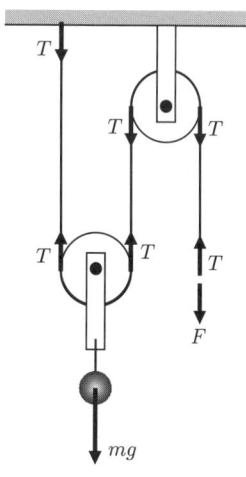

図 2.8 静滑車と動滑車

2.2.3 垂直抗力

椅子がスケートリンク上を等速直線運動しているとき，はたらいている力の合力は0でなくてはならない。このことは，重力を打ち消す力が椅子にはたらいていることを意味する。その役割をはたしているのは氷の面が椅子を上に押す力である。このように，接している面が物体を面に垂直に押す力を**垂直抗力**という。私たちが床の上に立っているとき，床が上向きに足を押す垂直抗力を感じることができる。面が水平でない場合，垂直抗力は重力を完全に打ち消すことができない。そのため，スキー場のようによく滑る斜面では，物体は低いほうへと加速されることになる。

例題 2.11 水平面から角度 θ だけ傾いたなめらかな床に，質量 m の物体が置かれている。物体にはたらくすべての力の合力を求めなさい。また，物体はどのような運動をするか考察しなさい。

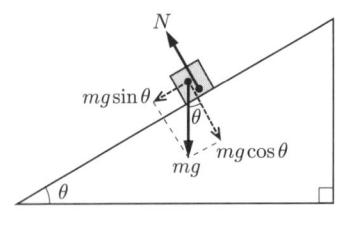

図 2.9

[解答] 垂直抗力は物体が斜面を押す力の反作用と考えることができる。その力は，重力のうちの斜面に垂直な分力であり，大きさは $mg\cos\theta$ である。この力は垂直抗力 N で打ち消される。その結果，物体にはたらく力の合力として，重力のうち斜面下向きの分力（大きさ $mg\sin\theta$）だけが残る。これを運動方程式に代入すると，物体は $g\sin\theta$ の加速度で斜面下向きに等加速度運動することがわかる。 □

床の上ではなく，体重計の上に乗ってみよう。足は体重計から垂直抗力を受けるが，その反作用として足は体重計を押しており，体重計はこの力を測定している。静止した状態では，垂直抗力の大きさは重力の大きさと等しいので，体重計は体にかかる重力を計っているといってもかまわない。しかし，加速度運動するエレベーターの中ではそうとはいえない。人間の質量を m，エレベーターの加速度を上向きに a とおき，運動方程式を書くと，

$$ma = N - mg \quad (2.5)$$

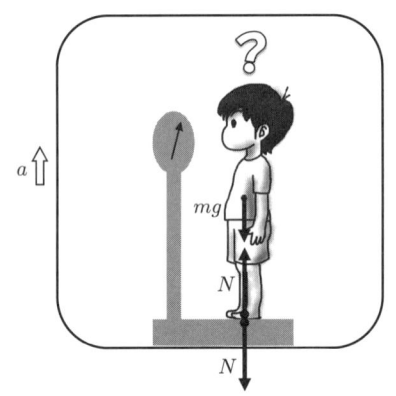

図 2.10 エレベーターの中の体重計

となる。体重計が測定しているのは垂直抗力 N であるので，その値は $m(a+g)$ となる。つまり，加速度運動するエレベーターでの体重の測定値は $\dfrac{g+a}{g}$ 倍されることになる。エレベーターが上昇しはじめるときは $a > 0$ なので，その間の体重はみかけ上重くなることになる。エレベーターが上階に着く直前は $a < 0$ なので，みかけ上の体重は軽くなる。エレベーターに乗ったときに体が重く感じたり軽く感じたりする理由はこのように説明することができる。

2.2.4 静止摩擦力

椅子をじゅうたんの上に置き，手で押してみると，弱い力で押している間は椅子はまったく動かない。このとき椅子は，手で加えた力を完全に打ち消すような力を，じゅうたんと接している面から受けている。このように，接触して静止している2つの物体を互いにずらそうとする力を加えた場合に，その力を打ち消して物体を静止させ続けようとする力を**静止摩擦力**という。静止摩擦力は身の回りのあらゆる場所に存在する。たとえば，斜面に置かれている物体が静止し続けることができるのも，静止摩擦力がはたらいているおかげである。

Memo

もし静止摩擦力がなかったら，わずかな斜面でも物体が滑りだして危険きわまりない。ロープをつかんでも手をすり抜けてしまうし，ひもを結んでもすぐほどけてしまう。そればかりか，織物の糸もバラバラになってしまうので，布というものが存在できないだろう。締めたはずのネジがすべてゆるんでしまうので，建物や機械もすぐに分解してしまう。

じゅうたんの上の椅子を押す力を強めていくと，静止摩擦力もそれに応じて強くなっていき，加えられた力を打ち消す。しかし，力がある限度を超えると，ついには椅子が動き出す。この限度を，**最大静止摩擦力**という。同じ椅子でも，じゅうたんの上と床の上では最大静止摩擦力は異なる。また，同じ床の上でも，椅子の足にゴムをはめた場合は最大静止摩擦力は大きくなり，床にワックスをかけた場合は小さくなる。このように，最大静止摩擦力は材質の組合せや接触面の状態で大きく変わることがわかる。さらに，誰も座っていない椅子よりも人が座っている椅子のほうが動かすのが大変であることから，最大静止摩擦力には，2つの物体が互いに押し付けあう強さ，すなわち垂直抗力も関係していることがわかる。実験によると，最大静止摩擦力が f_s，垂直抗力が N のとき，

$$f_s = \mu_s N \tag{2.6}$$

が成り立つ。この比例係数 μ_s を**静止摩擦係数**とよぶ。静止摩擦係数の値は，触れあっている物質の材質や接触面の状態で決まる。この関係は，ある程度限られた条件でのみ成り立つ経験則である。

例題 2.12 図 2.11 のような斜面に物体が静止していた。斜面の傾きを徐々に増やしていくと，傾斜角が θ_c になったときに物体は滑り出した。静止摩擦係数を求めなさい。

[解答] 物体の質量を m，重力加速度の大きさを g とする。斜面の傾きが θ のとき，垂直抗力の大きさは $N = mg\cos\theta$ である。もし摩擦力がなければ，重力のうち斜面にそった方向の分力 $mg\sin\theta$ が物体を加速させるはずであるが，$\theta < \theta_c$ の場合はこれが静止摩擦力に

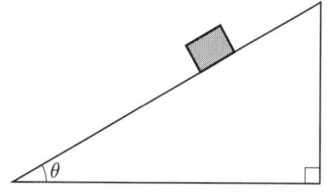

図 2.11 滑りはじめる角度と静止摩擦係数の関係

より完全に打ち消されていて，物体は動かない。斜度が θ_c に達すると，$mg\sin\theta_c$ がちょうど最大静止摩擦力 $\mu_s N$ に等しくなる。この関係をもとに静止摩擦係数を求めると $\mu_s = \tan\theta_c$ となる。□

2.2.5 動摩擦力

スケートリンク上を滑っている椅子は，短い時間でみれば等速直線運動であるが，時間が経つにつれて減速し，やがて止まってしまう。これは，椅子が氷との接触面から，運動と反対向きに**動摩擦力**を受けているからである。実験によれば，動摩擦力の大きさは速さにはよらず，接触する2物体の材質と接触面の状態で決まり，垂直抗力に比例する。動摩擦力を f_k，垂直抗力を N と書くと，

$$f_k = \mu_k N \tag{2.7}$$

という関係が成り立つ。この比例係数 μ_k を**動摩擦係数**といい，その大きさは触れあっている物質の材質で決まる。一般に，静止摩擦係数と動摩擦係数は $\mu_s > \mu_k$ という関係をみたす。

例題 2.13 質量 10 kg の金属のかたまりを平らな床の上で滑らせた。初速度 6 m/s で滑らせると 5 m 滑った後に静止した。動摩擦係数を求めなさい。ただし，重力加速度の大きさを 9.8 m/s² とする。

[解答] 物体が静止するまでの間は等加速度運動である。加速度の大きさを a とすると，公式 (1.18) により $2a \times 5 = 6^2$ なので，$a = 3.6$ m/s² と求まる。これに質量をかけると，動摩擦力の大きさは 36 N となる。一方，垂直抗力の大きさは $10 \times 9.8 = 98$ N。これらより動摩擦係数が $\mu_k = 36/98 \approx 0.37$ と求まる。□

動摩擦力で止まり，静止摩擦力で動かない物体ばかりに囲まれて暮らしていると，力を加えていない物体は静止すると思い込んでしまうのも無理はないかもしれない。

― *Memo* ―
綱引きでは，靴と床の間の最大静止摩擦力よりも綱の張力が大きくなってしまうと，相手に引きずられて負けとなる。靴の材質が同じであれば，体重（垂直抗力）が大きいほうが最大静止摩擦力が大きいため，単純には体重が大きいほうが有利なように思える。しかし，へたに動いてしまうと負けることがある。なぜならその場合，靴には静止摩擦力より小さい動摩擦力がかかることになるからである。

2.2.6 抵抗力

動摩擦力のように運動を妨げる力として，**抵抗力**がある。たとえば，水中で手を動かしてみると，水が手の動きを妨げようとするのを感じるだろう。これは水が手の動きと反対向きに抵抗力を与えているからである。抵抗力は，手をゆっくり動かす場合よりも速く動かす場合のほうが大きい。抵抗力を $\vec{f}_r$，物体の速度を $\vec{v}$ とすると，多くの場合，

$$\vec{f}_r = -b\vec{v} \tag{2.8}$$

という関係が成り立つ。ただし，b は正の定数である。

2.2 いろいろな力

深い湖の中を落下していく質量 m の小石の運動方程式は，下向きに z 軸をとると

$$ma = mg - bv \tag{2.9}$$

と書くことができる。小石が落下しはじめた直後は速さがほぼ 0 なので抵抗力は小さく，小石はほぼ自由落下する。小石が加速されて v が大きくなるにつれ，抵抗力も大きくなる。抵抗力は重力を打ち消す向きなので，速さの増加にともない加速度は減少していく。やがて重力と抵抗力がつりあうと加速度 a は 0 になり，小石は等速直線運動するようになる。この状態での速度を**終端速度**とよぶ。終端速度を v_∞ と書くと，力のつりあいより $mg = bv_\infty$ であるので，

$$v_\infty = \frac{mg}{b} \tag{2.10}$$

となる。

雨は上空の高い場所から水滴が落ちてくる現象であるが，その速さはたいしたことはない。これは空気の抵抗力により終端速度に達して落ちてくるからである。(雨滴が受ける抵抗力は一般には速さ v の複雑な関数だが，ここでは速さに比例していると単純化した。) 終端速度に達するまでに速度がどのように変化するかということに関しては，第 3 章で詳しく説明する。

例題 2.14 上空 1000 m の雨雲から雨滴が落ちてくるとする。重力加速度を $g = 9.8$ m/s^2 として，以下の問いに答えなさい。

(1) 抵抗力がまったくない場合，地表での雨滴の速さを計算し，m/s 単位と km/h 単位で表しなさい。

(2) 地表で実際の雨の落下速度を観察したところ，4.9 m/s であった。雨粒の質量を 1.0×10^{-6} kg として，速度に比例する抵抗力の係数 b [kg/s] を求めなさい。

[解答] (1) 速さを v とすると，公式 (1.18) より $v^2 = 2 \times 9.8 \times 1000 = 19600$ (m/s)^2 となり，$v = 140$ m/s $= 504$ km/h と求まる。これはリニアモーターカー並みの速さなので，もしこのような雨が降ってきたらとても危険である。

(2) 式 (2.10) を b について解くと，$b = \dfrac{1.0 \times 10^{-6} \times 9.8}{4.9} = 2.0 \times 10^{-6}$ [kg/s] となる。 □

2.2.7 ばねの弾性力

形がもとに戻ろうとする針金をコイル状に巻いたものをばねといい，何も力を加えない状態でのばねの長さを**自然長**という。たとえば図 2.12 のように，ばねの向きに x 軸をとる。ばねの左端は固定しておき，自然長での右端の位置 (つりあいの位置) を $x = 0$ とする。右端の位置を動かしてばねを伸ばしたり縮めたりすると，自然長に戻ろうとする力がはたらく。この力を**復元力**あるいは**弾性力**という。イギリスの物理学者ロバート・フック (1635–1703) は，復元力の大きさとばねの伸びは比例することを見いだした。これをフックの法則という。

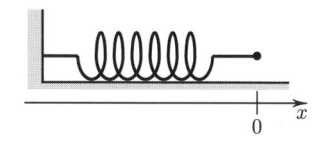

図 2.12 ばねの弾性力

> **フックの法則**
>
> ばねを自然長から伸び縮みさせると，ばねには自然長に戻る向きの復元力がはたらき，その大きさは自然長からの変位の大きさに比例する。

フックの法則は

$$F = -kx \tag{2.11}$$

という関係で表すことができる。ここで $x > 0$ のときはばねが伸びていることを表し，$x < 0$ のときは縮んでいることを表している。k はばね定数 (単位 N/m) とよばれ，正の値をもつ。ばねが伸びているときは $F < 0$ なので縮む向きの力，縮んでいるときは $F > 0$ となるので伸びる向きの力がはたらく。k が大きいほど硬いばね (伸ばすのには大きな力が必要)，小さいほど軟らかいばね (わずかな力で大きく伸びる) を表す。

ばね定数をあらかじめ知っておけば，ばねの伸び縮みを計ることにより，力の向きや大きさを知ることができる。また，ばねの上端を固定しておき，下端に質量 m の物体をつるすと，物体にかかる重力がばねを引っぱるので $mg = kx$ が成り立つ。この原理を利用して物体の質量を計る器具が「ばねばかり」である。台所にあるはかりや，ほとんどの体重計はこの原理を利用している。

例題 2.15 100 g のおもりをつるすとばねが 0.7 cm 伸びた。このばねのばね定数を計算し，[N/m] 単位で表しなさい。ただし，重力加速度の大きさを 9.8 m/s^2 とする。

[解答] ばねにかかる重力の大きさは $0.1 \times 9.8 = 0.98$ N。このときの伸びが 7×10^{-3} m なので，ばね定数は $\dfrac{0.98}{7 \times 10^{-3}} = 140$ [N/m] となる。 □

> **Memo**
>
> ボクシングの試合前の計量では，一般に普及しているばねばかり式の体重計ではなく，天秤式の体重計を用いて体重を計っている。これはなぜだろうか。ばねばかりでは，質量そのものではなく重力を計っている。そのため，ばねばかりを別の場所に移動させると重力加速度がわずかに変わり，みかけの体重はわずかに変化してしまう。一方，天秤式の体重計は，人間の重力と分銅（質量があらかじめわかっている物体）の重力のつりあいを利用して測定するので，分銅の質量が正確であるならば重力加速度が異なる場所（極端な話，月面上など）でも，そのまま使用することができる。

2.2.8 向心力

1.2.6 項で述べたように，半径 r，速さ v で等速円運動している物体は，円の中心の向きに大きさ $\dfrac{v^2}{r}$ の向心加速度をもつ。このとき，物体の質量を m とすると，物体には常に大きさ

$$m\frac{v^2}{r} \tag{2.12}$$

2.2 いろいろな力   29

の力が円の中心の向きにはたらいているはずである。この力を**向心力**という。物体の角速度を ω とするなら，式 (1.49) より向心力は

$$\boxed{mr\omega^2} \qquad (2.13)$$

と書くこともできる。

等速円運動を維持するためには，物体に向心力を加え続ける必要がある。それにはさまざまな方法がある。たとえば，円の中心と物体がひもで結ばれている場合は，ひもの張力が向心力の役割をはたす。丸い缶の内側を転がる球が等速円運動している場合は，缶の壁からの垂直抗力が向心力の役割をはたす。

例題 2.16 質量 3×10^4 kg の電車が，半径 300 m のカーブを速さ 20 m/s で通過している。電車に加え続けなければならない向心力の大きさを計算しなさい。

[解答]
$$m\frac{v^2}{r} = 3 \times 10^4 \times \frac{20^2}{300} = 4 \times 10^4 \text{ N}$$

なお，この向心力を与える役割をはたすのはレールである。2005 年に JR 西日本の福知山線で脱線事故が起きた。調査によると，脱線時には電車が制限速度の 1.65 倍のスピードで走行していたことが明らかになった。その場合，同じカーブを曲がるために，$1.65^2 = 2.72$ 倍の向心力が必要になる。この力をレールが与えることができなかったのが，脱線の原因である。   □

例題 2.17 ひもに物体をぶら下げて振り回し，図 2.13 のように水平面内で等速円運動させた。この状態を**円すい振り子**という。このときの物体の速さ v を，ひもの長さ l，ひもと鉛直線のなす角 θ，重力加速度 g を用いて表しなさい。

[解答] 物体は上下方向には動かないので，重力とひもの張力の合力は鉛直成分をもたない。したがって，張力の大きさを T とすると

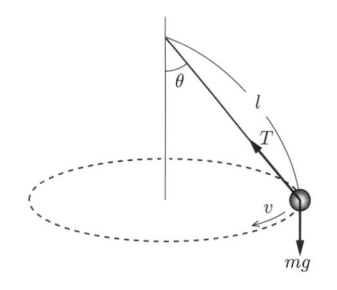

$$T\cos\theta = mg$$

図 2.13 円すい振り子

が成り立つ。物体にはたらく力の合力は常に円の中心を向き，向心力の役割をはたすので，

$$m\frac{v^2}{l\sin\theta} = T\sin\theta = mg\tan\theta$$

となる。これを v について解くと，$v = \sqrt{gl\sin\theta\tan\theta}$ となる。   □

2.2.9 遠 心 力

向心力と混同しやすい力に，**遠心力**がある。遊園地に行くと，円すい振り子のように回転するブランコをみかける。この遊具に自分が乗ったときにどのように感じるか想像してみよう。ブランコをつっているロープは真上ではなく斜め上に伸びているので，ロープの張力と重力はつりあっていない。

図 2.14　回転ブランコ　　　　　図 2.15　遠 心 力

しかし，遊具に乗っている人は自分が「静止」していて，まわりの世界が回転していると錯覚している。静止している場合には力は必ずつりあっていなければならないので，円の外向きに引っぱる力が自分にかかっていると感じるはずである。この力を**遠心力**という。遠心力は向心力と大きさが同じで向きが正反対である。一方，止まっている人から眺めると，等速円運動している人にはたらく力はつりあっている必要がないので遠心力は存在しない。遠心力は回転している人だけが感じる「みかけの力」である。このようなみかけの力を**慣性力**とよぶ。慣性力については第 8 章で詳しく説明する。

例題 2.18　自転車で急カーブを曲がる際，私たちは体をどちらに傾けるだろうか。また，その理由についても考察しなさい。

[解答]　自転車でカーブを曲がる際には外向きに遠心力を受けるので，転倒しないように無意識に体を内側に傾けるはずである。　　　　　□

濡れたタオルをつるしておくと水滴がしたたり落ちる。これは重力が水滴を引っぱり，タオルから分離させるからである。水滴を引っぱる力を強めてすばやく水分を取り去る装置が脱水機である。脱水機は遠心力を用いて水分を繊維から取り除く。

例題 2.19　ある洗濯機は脱水の際に毎分 600 回転する。洗濯桶の半径が 30 cm の場合，もっとも外側にある洗濯物にはたらく遠心力は重力のおよそ何倍か。

[解答]　洗濯物の質量を m，回転半径を r，角速度を ω とすると，遠心力の大きさは $mr\omega^2$ である。毎分 600 回転は毎秒 10 回転に相当するので，$\omega = 2\pi \times 10$ となり，遠心力は，
$$m \times 0.3 \times (2\pi \times 10)^2 = 1.18 \times 10^3 m$$
となる。これは重力 $9.8m$ のおよそ 120 倍に相当する。　　　　　□

2.2.10　万 有 引 力

重力とはなんだろうか。地面が物体を引っぱる性質があることは太古の昔から知られていたはずだが，私たちが住んでいる世界が大きな球の表面であることがわかったのはずっと後になってからである。地球が丸いことを考えて重力の向きを調べてみると，重

力は必ず地球の中心を向いていることになる。このことから，重力とは地球(の中心)が物体を引きつける力であると考えてもよいだろう。

それでは，物体を引きつける性質は地球だけがもっているのだろうか。ニュートンは，質量があるすべての物体は，互いに引きあう性質をもつと考えた。この引力のことを**万有引力**という。

万有引力の存在は，イギリスの物理学者ヘンリー・キャベンディッシュ (1731–1810) による精密な実験で確かめられた。実験によると，質量 m と質量 M の物体が距離 r だけ離れているとき，はたらく万有引力の大きさは

$$F = G\frac{mM}{r^2} \tag{2.14}$$

となる。G を万有引力定数といい，その大きさは，

$$G \approx 6.67384 \times 10^{-11} \mathrm{N \cdot m^2/kg^2} \tag{2.15}$$

である。

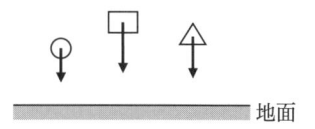

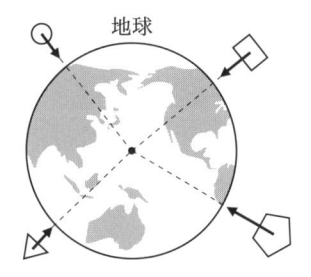

図 2.16 重力と万有引力

---**万有引力**---

質量をもつ 2 つの物体どうしには万有引力がはたらく。万有引力はそれぞれの物体の質量の積に比例し，物体どうしの距離の 2 乗に反比例する。

例題 2.20 質量 1 kg の鉛の球が 2 つある。球の中心間の距離が 10 cm 離れている場合にはたらく万有引力の大きさを求めなさい。

[解答] 万有引力の大きさは，

$$6.67 \times 10^{-11} \times \frac{1 \times 1}{0.1^2} = 6.67 \times 10^{-9} \text{ N}$$

である。この力は，砂 1 粒にかかる重力よりも小さいので，精密な装置を使わないかぎり測定するのが難しい。

---*Memo*---

物体が地球から受ける万有引力が重力の正体であることがはっきりした。しかし，地球は非常に大きいので，重力を求めるには，地球を細かく分けて，それぞれの部分による万有引力をたしあわさなければならない。しかしその計算の結果は，地球の質量がすべて地球の中心に集中していると仮定した場合とまったく同じになる。このように単純に考えることができるのは，距離の 2 乗に反比例する引力の場合に限られる。(第 9 章の問題参照)

質量 m の物体にはたらく万有引力は $m\left(G\dfrac{M}{r^2}\right)$ と書くことができる。重力は地上で地球が物体におよぼす万有引力のことなので，$G\dfrac{M}{r^2}$ の r に地球の半径，M に地球の質量を代入したものが，いままで学んだ重力加速度 g に相当するはずである。

例題 2.21 地球の半径を $r = 6.4 \times 10^6$ m，重力加速度を $g = 9.8$ m/s^2 として，地球の質量を推定しなさい。

[解答] 式 $g = G\dfrac{M}{r^2}$ を M について解くと，$M = \dfrac{gr^2}{G}$ となる。数値を代入すると，
$$M = \frac{9.8 \times (6.4 \times 10^6)^2}{6.7 \times 10^{-11}} \approx 6.0 \times 10^{24} \text{ kg}$$
が得られる。より正確な値は 5.972×10^{24} kg であることが知られている。　□

Memo

上に述べたように，地球の半径は $r = 6.4 \times 10^6$ m である。これをもとに地球の子午線弧長（北極から赤道までの長さ）を計算すると，
$$\frac{\pi r}{2} \approx 1.0 \times 10^7 \text{ m}$$
というきりのよい数字が得られる。これは偶然ではなく，１８世紀末のフランスで「地球の子午線弧長の1000万分の1を1メートルとする」ように単位が定められたからである。これにより，各地でばらばらであった長さの単位が，人類共通の「地球」をよりどころにして定められた。現在では1メートルは，299792458 分の 1 秒間に真空中で光が進む距離，と定められている。また，秒という単位もセシウム原子のもつ性質から精密に定められている。これにより，メートルは地球という固有の天体に依存せず，全宇宙で通用する単位になった。

作用・反作用の法則は万有引力に対しても成り立つので，地球が私たちを引っぱっているなら，私たちも同じ大きさの力で地球を引っぱっていることになる。しかし，地球の質量は私たちとは比べものにならないほど大きいので，その慣性も非常に大きい。したがって私たちが引っぱるくらいでは地球はほとんど動かない。

万有引力は，月と地球の間にもはたらくはずである。それなら，地球に引っぱられているにもかかわらず，月はなぜ落ちてこないのだろうか。これは，月が地球のまわりを回っているためである。月の運動を等速円運動とみなすと，その運動を維持させるためには月に向心力を与え続ける必要があるが，地球からの万有引力がこの役割をはたしているのである。つまり M を地球の質量，m, r, v をそれぞれ月の質量，円運動の半径，速さとすると，
$$m\frac{v^2}{r} = G\frac{mM}{r^2} \tag{2.16}$$
が成り立っているはずである。ニュートンはこの考え方で月の運動を説明することに成功した。

練習問題 2　　　　　　　　　　　　　　　　　　　　　　　　　　　　　　　　　　33

例題 2.22　月は約 27 日かけて地球のまわりを一周する。これをもとに，地球の中心から月の中心までの距離を推定しなさい。

[解答]　地球の中心と月の中心の距離を r，月の運動の速さを v，地球の質量を M とすると，
$$\frac{v^2}{r} = G\frac{M}{r^2}$$
である。一方，月の円運動の周期を T とすると $T = \frac{2\pi r}{v}$ であるので，これを上式に代入し，r について解くと，
$$r = \left(\frac{GMT^2}{4\pi^2}\right)^{\frac{1}{3}}$$
である。G, M, T に数値を代入して計算すると，
$$r = \left(\frac{6.7 \times 10^{-11} \times 6.0 \times 10^{24} \times (27 \times 24 \times 3600)^2}{4 \times 3.14^2}\right)^{\frac{1}{3}}$$
$$\approx 3.8 \times 10^8 \text{ m}$$
となり，約 38 万 km であることがわかる。　　　　　　　　　　　　　　　　□

練習問題 2

2.1　図 2.17 のように，壁がついている台車が静止しており，人が壁を押しているとする。
　(a) 人が台車の上に乗って壁を押している場合と，
　(b) 台車から降りた状態で壁を押している場合
のそれぞれについて，台車が動くかどうかを考察しなさい。

図 2.17　台車は動くか？

2.2　高さ h の台から地面まで斜めに板を延ばしてすべり台をつくる。地面と板の角度を θ としたとき，地面まですべるのにかかる時間と，地面まですべり降りてきたときの速さを求めなさい。

2.3　ある質量 10 kg の椅子を押して一定の速度で移動させ続けるには，20 N の力を加え続けなければならないことがわかった。椅子と床の間の動摩擦係数を求めなさい。また，この椅子に，足が床から離れた状態で体重 50 kg の人が座っている。この場合に椅子を一定の速度で動かし続けるのに必要な力の大きさを求めなさい。重力加速度の大きさを 9.8 m/s² とする。

2.4　図 2.18 のように，なめらかな床の上に質量 m_1 の物体 1 と質量 m_2 の物体 2 が互いに接して置かれている。物体 1 を大きさ力 F で右向きに押した場合の物体の加速度と，2 つの物体どうしが互いに押す力の大きさを求めなさい。

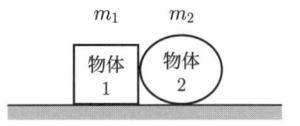

図 2.18　互いに接している物体

2.5 水平に置かれた円盤の中心から距離 r の位置に物体 A，距離 $2r$ の位置に物体 B が置かれている。円盤の材質は均一で，2 つの物体の材質は同じであるとし，物体と円盤の間の静止摩擦係数を μ_s とする。この円盤を回転させ，角速度 ω を徐々に増加させていった。重力加速度の大きさを g として，以下の問いに答えなさい。

(a) 角速度が ω_1 を越えると物体 B が滑りだした。静止摩擦係数 μ_s を求めなさい。

(b) 物体 A が滑りだすのは角速度が ω_1 の何倍になったときか，考察しなさい。

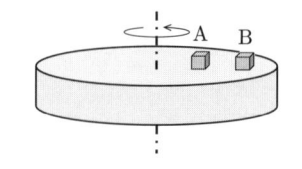

図 2.19 回転する円盤上の物体

2.6 物体に長さ l のひもをつけて鉛直方向を含む平面内を円運動させたい。ひもの他端はある一点に固定されているとする。ひもがたるまずに円運動できるためには，最高点での速さがどのような条件をみたしていなければならないか答えなさい。ただし，重力加速度の大きさを g とする。

2.7 人工衛星は地球のまわりを円運動している。もし人工衛星の回転の向きが地球の自転の向きと同じで，円運動の周期がちょうど地球の自転の周期と同じなら，人工衛星は地球から見て静止しているようにみえる。このような人工衛星を**静止衛星**とよぶ。静止衛星は地表からどれだけ離れた場所にあるのか，計算しなさい。

3

微分方程式としての運動方程式

いままでは，物体が受ける力の大きさが一定の単純な問題ばかりを扱ってきた。しかし一般には，力の大きさや向きは位置，速度，時刻などに応じて変化するので，物体の運動を解くには微分方程式を解くという数学的なテクニックが必要である。

3.1 一定の力を受ける運動

手はじめに，一定の力を受ける運動の解き方をふりかえってみよう。その場合，運動方程式

$$m\ddot{x} = F \tag{3.1}$$

に現れる F は，位置，速度，時刻に依存しない定数である。$\dfrac{F}{m} = a$，速度を v とおくと，運動方程式は

$$\frac{dv}{dt} = a \tag{3.2}$$

となる。これを積分すれば等加速度運動の公式が得られるが，ここでは少し違う方法で処理してみよう。式 (3.2) を分数のように考えて変形し，両辺に積分記号をつけると，

$$\int dv = \int a\, dt \tag{3.3}$$

となる。ここで，左辺は被積分関数がないようにみえるが，1 という定数関数が入っていると考えればよい。両辺は不定積分なので，それを実際に計算すると，

$$v + C_1 = at + C_2 \tag{3.4}$$

となる。ここで，積分定数 C_1, C_2 はどちらも任意の定数なので，わざわざ 2 つ積分定数を用意しなくても，

$$v = at + C \tag{3.5}$$

のように 1 つだけで十分である。この C は，時刻 $t = 0$ での速度 (初速度) という意味をもつので v_0 と書くことにしよう。速度 v は位置の微分 $\dfrac{dx}{dt}$ なので，同様の方法により，

$$\int dx = \int (at + v_0)\,dt \tag{3.6}$$

を得る。この不定積分を実際に計算すると，

$$x(t) = \frac{1}{2}at^2 + v_0 t + x_0 \tag{3.7}$$

となる。ここで，積分定数 x_0 は時刻 $t=0$ での位置である。$t=0$ での位置 x_0 と速度 v_0 を**初期条件**という。同じ運動方程式にしたがう運動でも，初期条件が異なれば運動は異なる。逆にいえば，初期条件と運動方程式を指定すれば，物体がその後どのように運動するかは完全に決まる。

3.2 粘性抵抗を受ける落下運動

前節の運動方程式は単に 2 回積分を行っただけで解くことができた。しかしこのような場合はまれである。ここでは，質量 m の物体が速度に比例する抵抗力 (**粘性抵抗**) を受けながら落下している場合を再び扱ってみる。具体的には，右図のように水でみたされたビンの中をビー玉が落下しているような状況を想像すればよい。鉛直下向きを正の向きとして運動方程式を書くと，

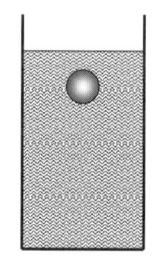

図 3.1 水中でのビー玉の落下

$$m\frac{dv}{dt} = mg - bv \tag{3.8}$$

となり，v とその導関数 $\dfrac{dv}{dt}$ が混在する式となる。

一般的にこのような式を解くことは容易ではない。なぜなら，ある関数を求めるために，その関数の導関数を知らなくてはならないという形をしているからである。このような方程式を**微分方程式**という。微分方程式はそれだけで数学の一分野をつくるほど奥の深い問題である。いまの方程式は，

$$(t \text{ を含まない式})\,dv = (v \text{ を含まない式})\,dt \tag{3.9}$$

という形に変形できるので**変数分離法**という手法が使える。問題を解くにあたり，式 (3.8) を

$$\frac{m}{mg - bv}\,dv = dt \tag{3.10}$$

と変形し，さらに

$$\frac{1}{v - v_\infty}\,dv = -\frac{g}{v_\infty}\,dt \tag{3.11}$$

と整理する。ここで $v_\infty = \dfrac{mg}{b}$ は式 (2.10) で求めた終端速度である。式 (3.11) は微小量どうしの関係式であるが，それらをたしあわせたものにも等式が成り立つ。すなわち，

3.2 粘性抵抗を受ける落下運動

式 (3.11) の両辺に積分記号をつけて，

$$\int \frac{1}{v - v_\infty} \, dv = -\int \frac{g}{v_\infty} \, dt \tag{3.12}$$

としてもよい．この不定積分を実際に計算すると，積分定数を C として，

$$\log |v - v_\infty| = -\frac{g}{v_\infty} t + C \tag{3.13}$$

となる．これを整理すると，

$$v - v_\infty = \pm e^{-\frac{g}{v_\infty} t} e^C$$

$$\therefore \quad v = v_\infty + c e^{-\frac{g}{v_\infty} t} \tag{3.14}$$

ただし，$\pm e^C = c$ とした ($c \neq 0$)．時刻 $t = 0$ のときの速度を v_0 とおき (3.14) に代入すると，$v_0 = v_\infty + c$ となる．これより，定数 c が $c = v_0 - v_\infty$ と定まり，速度 v が時刻 t の関数 $v = v(t)$ として，

$$v(t) = v_\infty + (v_0 - v_\infty) e^{-\frac{g}{v_\infty} t} \tag{3.15}$$

と求められる．

例題 3.1 式 (3.15) で，初速度 v_0 を 0 とした場合の式を書き，速度 v を時刻 t の関数としてグラフにしなさい．また，速度 v は t が非常に小さい場合には自由落下と同じ式にしたがい，t が大きい場合は v_∞ に近づくことを示しなさい．ここで近似式 $e^x \approx 1 + x$ を用いてよい．

[解答] $v_0 = 0$ として式を整理すると $v(t) = v_\infty \left(1 - e^{-\frac{g}{v_\infty} t}\right)$ となり，これを図示すると，図 3.2 のようになる．v が非常に小さいうちは v は t に比例して増加するが，速度が増すと抵抗力の影響で増加が抑えられ，やがて一定値 v_∞ に近づく．近似式を用いると，t が小さい場合は $v(t) \approx v_\infty \frac{g}{v_\infty} t = gt$ となり，自由落下と同じになる．

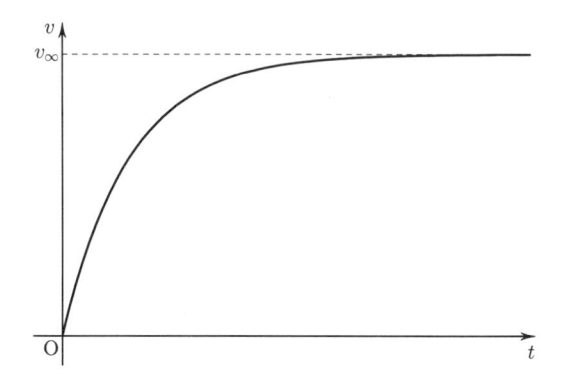

図 3.2 粘性媒質中を落下する物体の速度の時間依存性

時刻 t における位置は，式 (3.15) を時刻 t で積分することによって得られる．下向きに z 軸をとり，$t = 0$ における物体の位置を z_0 とすると，

$$z = z_0 + \frac{v_\infty^2}{g}\left(-1 + \frac{g}{v_\infty}t + e^{-\frac{g}{v_\infty}t}\right) \tag{3.16}$$

となる。

— Memo —

ゲームやコンピュータグラフィックスに出てくる物体は，物理法則にしたがうような動きをしないとリアルさに欠けてしまう。そのため，運動方程式を用いて物体の位置や速度を計算する「物理計算エンジン」とよばれるソフトウェアが用いられている。物理計算エンジンを使うと，実際に実験をしなくても物体の運動をコンピュータ上に再現することができるので，力学の理解に役立つ。無料で入手できるソフトもあるので，興味がある人は試してみてはいかがだろうか。

3.3 フックの法則と調和振動子

ばね定数 k のばねの一端に質量 m の質点をとりつけたものを**調和振動子**という。質点をつりあいの位置からずらして手を離すとどのような運動をするだろうか。運動方程式を書くと，

$$m\ddot{x} = -kx$$
$$\therefore \quad \ddot{x} = -\omega^2 x \tag{3.17}$$

となる。ここで

$$\omega = \sqrt{\frac{k}{m}} \tag{3.18}$$

とおいた。式 (3.17) は微分方程式の形をしているが，左辺が 2 階微分なので，変数分離法を使うことはできない。そこで 2 階微分しても同じ形をもつ関数を探してみると，指数関数と三角関数があてはまる。特にこの場合は，2 階微分ともとの関数の比例係数が負であるので三角関数のほうが適切である。試しに解の形を $x = \cos\omega t$ と仮定し，式 (3.17) の左辺に代入すると $-\omega^2 \cos\omega t$ となり，右辺と一致する。このことから，確かに $x(t) = \cos\omega t$ が解になっていることがわかる。このように，とりあえず微分方程式をみたす解の一つを**特殊解**という。同様に，$x(t) = \sin\omega t$ という関数も微分方程式をみたす特殊解であることがわかる。

運動方程式を解くということは，どのような初期条件 ($t = 0$ における位置 x_0 と速度 v_0) にも対応できる一般的な解 (これを**一般解**という) をみつけるということである。しかし，$x(t) = \cos\omega t$ という特殊解は $x_0 = 1$ かつ $v_0 = 0$，$x(t) = \sin\omega t$ という特殊解は $x_0 = 0$ かつ $v_0 = \omega$ という初期条件にしか対応できず，一般性がない。2 階微分という演算には

$$\frac{d^2}{dt^2}(f + g) = \frac{d^2}{dt^2}f + \frac{d^2}{dt^2}g \tag{3.19}$$

という性質 (**線形性**) があるので，2 つの特殊解の**線形結合**，すなわち，それぞれに係数 A, B をかけてたしあわせた関数

$$x(t) = A\cos\omega t + B\sin\omega t \tag{3.20}$$

3.3 フックの法則と調和振動子

も微分方程式 (3.17) の解であることが容易に示される。

例題 3.2 式 (3.20) はどのような初期条件 ($t=0$ における位置と速度) にも対応できる一般解であることを示しなさい。

[解答] 式 (3.20) で $t=0$ とおくと $x(0)=A$ となる。また，式 (3.20) を微分すると，
$$\dot{x}(t) = -A\omega\sin\omega t + B\omega\cos\omega t$$
であるので，$\dot{x}(0)=B\omega$ である。したがって $t=0$ における位置が A，速度が $B\omega$ となるように A, B を定めれば，どのような初期条件にも対応できる。よって式 (3.20) は一般解といえる。 □

一般解は別の形に表すこともできる。たとえば，あらたに
$$\begin{cases} A = C\cos\alpha \\ B = -C\sin\alpha \end{cases}$$
をみたす実数 C (ただし $C \geq 0$) と α を用い，三角関数の加法定理を利用すると，式 (3.20) は
$$\begin{aligned} x(t) &= C\cos\alpha\cos\omega t - C\sin\alpha\sin\omega t \\ &= C\cos(\omega t + \alpha) \end{aligned} \tag{3.21}$$
と変形できる。この式は物体の位置が時刻の関数として振動することを示す (図 3.3)。このような振動を**単振動**という。ω は単位時間当たりの位相角の変化を表し，**角振動数**という。式 (3.18) によれば，ばねが硬い場合や質量が小さい場合ほど角振動数は大きくなる。C を**振幅**，α を**初期位相**という。C, α は初期条件 ($t=0$ での位置，速度) が与えられれば決定できる。また，振動が一往復するのに要する時間を**周期**という。

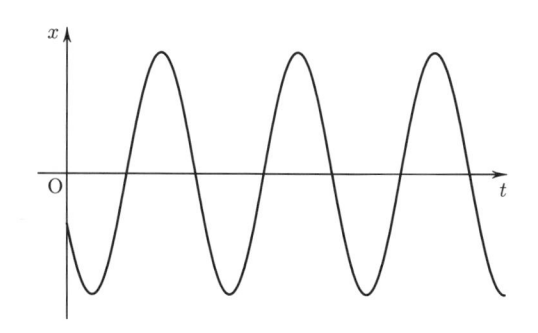

図 3.3 ばねにつながれたおもりの位置の時間依存性

例題 3.3 時刻 $t=0$ での位置が $x=0$，初速度が v_0 の場合について単振動の式を書きなさい。

[解答] $x = C\cos(\omega t + \alpha)$ に $t=0$ および $x=0$ を代入すると，$0 = \cos\alpha$. これをみたす α として，たとえば $\alpha = -\frac{\pi}{2}$ がある。一般に，$\cos\left(\theta - \frac{\pi}{2}\right) = \sin\theta$ なので，解を $x = C\sin\omega t$ と

書いてよい。速度は位置を時刻で微分したものなので，$v = C\omega\cos\omega t$ となる。$t = 0$ での速度が v_0 と与えられているので，$v_0 = C\omega$。よって，この場合の単振動の式は $x = \dfrac{v_0}{\omega}\sin\omega t$ となる。 □

例題 3.4 周期 T を角振動数 ω を用いて表しなさい。

[解答] 関数 $C\cos(\omega t + \alpha)$ は，$\cos$ の中味が 2π 増加するごとに同じ値をとる周期関数である。したがって $\omega T = 2\pi$ となり，周期は $T = \dfrac{2\pi}{\omega}$ と表される。 □

例題 3.5 ばね定数 k のばねが鉛直方向につるされている。鉛直下向きに x 座標をとり，つりあいの位置を $x = 0$ とする。このばねに質量 m の物体をつるした。物体の運動方程式を書き，その一般解を求めなさい。ただし，重力加速度の大きさを g とする。

[解答] 下向きを正の向きとすることに注意すると，運動方程式は

$$m\ddot{x} = -kx + mg, \quad \text{すなわち} \quad m\ddot{x} = -k\left(x - \frac{mg}{k}\right)$$

図 3.4 縦につるされたばねと物体

となる。ここで変数 $X = x - \dfrac{mg}{k}$ を用いると，運動方程式は $m\ddot{X} = -kX$ となり，式 (3.17) の変数 x を X に変えただけの式になる。いままでと同様の議論により，この運動方程式の解は $X = C\cos(\omega t + \alpha)$ である。ただし $\omega = \sqrt{\dfrac{k}{m}}$ とした。変数をもとに戻すと，

$$x = C\cos(\omega t + \alpha) + \frac{mg}{k}$$

となる。これはつりあいの位置が $x = \dfrac{mg}{k}$ の単振動の式である。したがって，ばねの復元力とともに重力を受ける物体の運動を考える際には，復元力だけの場合と比べてつりあいの位置がずれただけと考えればよい。 □

3.4 単振り子

長さ l のひもの下部に質量 m の物体をつるし，ひもの上部を支点に固定する。ひもがたるまないように物体を最下部からずらしたのちに手を離すと，物体は円弧を描いて振動する。これを**単振り子**とよぶ。鉛直線とひものなす角を θ とすると，このとき物体が受ける力のうち円弧にそった方向の成分は，重力加速度の大きさを g とすると

$$F = -mg\sin\theta \tag{3.22}$$

となる。ただし，θ が増加する向きを F の正の向きとした。以降，θ が非常に小さい場合に限定する

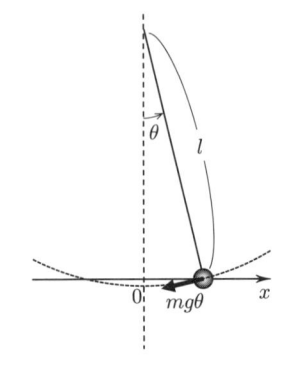

図 3.5 単振り子

ことにし，$\sin\theta \approx \theta$ という近似式を使うと，

$$F = -mg\theta \qquad (3.23)$$

である。また，θ が小さい範囲であれば円弧にそった運動は水平方向の直線運動とみなしても問題ない。このとき水平方向に x 軸をとり，つりあいの位置を 0 とすると

$$x \approx l\theta \qquad (3.24)$$

となる。変数 x を用いると，運動方程式は

$$m\ddot{x} = -mg\theta = -\frac{mg}{l}x$$
$$\therefore \quad \ddot{x} = -\frac{g}{l}x \qquad (3.25)$$

となる。この式は式 (3.17) で $\omega = \sqrt{\frac{g}{l}}$ とおいたものに等しいので，物体は単振動し，その振動の周期は

$$T = 2\pi\sqrt{\frac{l}{g}} \qquad (3.26)$$

である。この式から，振幅が小さい振り子の周期は，振幅や物体の質量には依存せず，ひもの長さだけで決まることがわかる。これを **振り子の等時性** という。

3.5 複素数を用いた解法

調和振動子の問題を，より一般性のある解き方で考えてみよう。解を指数関数 $x = e^{\lambda t}$ と仮定し，式 (3.17) の両辺に代入してみると，

$$\lambda^2 = -\omega^2 \qquad (3.27)$$

となる。ここで λ を求めようとすると困ったことがおきる。右辺は必ず負の数になるので，式 (3.27) をみたす λ は実数の中に存在しない。そこで λ が複素数でもかまわないということにすると，$\lambda = i\omega$ または $\lambda = -i\omega$ が式 (3.27) をみたしていることがわかる。ここで虚数単位 $\sqrt{-1}$ を i と書いた。これにより，

$$\begin{aligned} x &= e^{i\omega t} \\ x &= e^{-i\omega t} \end{aligned} \qquad (3.28)$$

という 2 つの特殊解がみつかった。これらは複素数の関数である。一般解を求めるには，これらを線形結合させて，

$$x = Ae^{i\omega t} + Be^{-i\omega t} \qquad (3.29)$$

とすればよい。ただし，ここでは A, B は実数とは限らないことにする。

ところで，数学的には式 (3.29) が微分方程式の一般解であるが，物理としてはこのままでは問題がある。なぜなら，物体の位置は実数でなければならないからである。そこ

で，式 (3.29) が実数になるように制限をつける。x の**複素共役** (虚数成分の符号を変えたもの) を x^* と書くことにすると，x が実数である条件は

$$x^* = x \tag{3.30}$$

と表すことができる。これに式 (3.29) を代入すると，

$$(A - B^*)e^{i\omega t} + (B - A^*)e^{-i\omega t} = 0 \tag{3.31}$$

となり，これが恒等的に成り立つには $B = A^*$ でなければならない。以上により，一般解は

$$x = Ae^{i\omega t} + A^* e^{-i\omega t} \tag{3.32}$$

と表すことができる。さらに C, α という実数を用いて $A = \frac{1}{2}Ce^{i\alpha}$ と表すと，式 (3.32) は

$$\begin{aligned} x &= \frac{1}{2}C\left\{e^{i(\omega t + \alpha)} + e^{-i(\omega t + \alpha)}\right\} \\ &= C\cos(\omega t + \alpha) \end{aligned} \tag{3.33}$$

となり，式 (3.21) とまったく同じ結果が得られることがわかる。最後の式変形では，**オイラーの公式** (付録 A.2 参照) を用いた。

3.6　ばねの復元力と粘性抵抗を受ける物体の運動

ばねに取り付けられた質点が，さらに粘性抵抗を受けて運動する場合を考えてみよう。

物体には重力がはたらいているが，重力と復元力がつりあう位置を x 軸の原点にとれば，重力はみかけ上無視することができる (例題 3.5 参照)。粘性抵抗の係数を b, ばね定数を k とすると，運動方程式は，

$$ma = -bv - kx \tag{3.34}$$

すなわち，

$$m\ddot{x} + b\dot{x} + kx = 0 \tag{3.35}$$

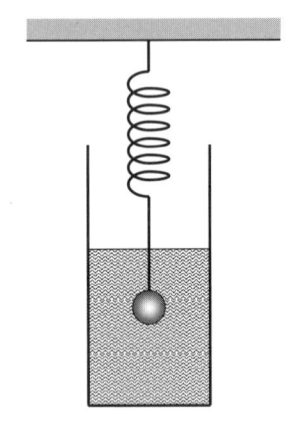

図 3.6　ばねにつながれたビー玉を水中で運動させる。

となる。解の形を $x = Ae^{\lambda t}$ と仮定して代入すると，

$$m\lambda^2 + b\lambda + k = 0 \tag{3.36}$$

が得られる。この 2 次方程式の解は

$$\lambda = \frac{-b \pm \sqrt{b^2 - 4mk}}{2m} \tag{3.37}$$

となる。ここで，以下のように場合分けして解を求めてみよう。

3.6 ばねの復元力と粘性抵抗を受ける物体の運動

- $b^2 < 4mk$ の場合：減衰振動

  この場合，すなわち粘性が弱い場合は，平方根の中身が負になるので λ は複素数となり，$\lambda = -\alpha \pm i\beta$ と表される。ここで α と β は以下の正の実数である。

$$\alpha = \frac{b}{2m} \tag{3.38}$$

$$\beta = \frac{\sqrt{4mk - b^2}}{2m} \tag{3.39}$$

  これらを用いて，実数となる一般解をつくると，

$$\begin{aligned}x &= Ae^{(-\alpha+i\beta)t} + A^*e^{(-\alpha-i\beta)t} \\ &= Ce^{-\alpha t}\cos(\beta t + \gamma)\end{aligned} \tag{3.40}$$

  となる。ここで C と γ は

$$A = \frac{1}{2}Ce^{i\gamma} \tag{3.41}$$

  をみたす実数とした。式 (3.40) は図 3.7 に示すように時刻とともに指数関数的に振幅が小さくなる振動を表す関数である。このような振動を**減衰振動**という。2 つの定数 C, γ は初期条件から定まる。

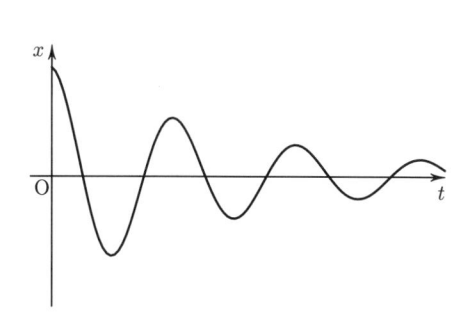

図 3.7 減衰振動の例

図 3.8 過減衰の例

- $b^2 > 4mk$ の場合：過減衰

  この場合，すなわち粘性が強い場合，λ は 2 つの実数解

$$\lambda_1 = \frac{-b - \sqrt{b^2 - 4mk}}{2m} \tag{3.42}$$

$$\lambda_2 = \frac{-b + \sqrt{b^2 - 4mk}}{2m} \tag{3.43}$$

  をもつ。λ_1, λ_2 はいずれも負の実数となる。x の一般解は

$$x = C_1 e^{\lambda_1 t} + C_2 e^{\lambda_2 t} \tag{3.44}$$

  であるので，2 種類の減衰する指数関数のたしあわせとなり，振動するようすはみられない。このような状態を**過減衰**という。C_1, C_2 は x, v に関する初期条件がみたされるように決めればよい。過減衰の一例を図 3.8 に示す。

- $b^2 = 4mk$ の場合：**臨界減衰**

この場合の一般解は

$$x = (C_1 + C_2 t)e^{\lambda t} \tag{3.45}$$

となる (ただし，$\lambda = -\dfrac{b}{2m}$)。導出については章末問題を参照のこと。これはちょうど減衰振動と過減衰の境界に相当し，**臨界減衰**という。

--- *Memo* ---

でこぼこ道を車で走るときに衝撃が体に伝わらないようにするには，車軸と座席の間にばねをはさめばよい。ばねは急激な変位を吸収するはたらきがあるからである。しかしそれだけでは，道が平らになった後も座席は振動し続けるので乗り心地が悪い。そこで，振動が減衰するように「オイルダンパー」というものが取り付けられている。これは油の粘性抵抗を利用して振動を減衰させる装置である。地震で建物が揺れた場合に揺れを抑える装置もこの原理を利用している。

3.7 強制振動

ばねの復元力と粘性抵抗を受ける物体の運動の問題で，ばねの上端を強制的にゆさぶるとどうなるだろうか。ばねの上端をゆさぶると，つりあいの位置が時刻とともに振動するので，運動方程式 (3.35) は，

$$m\ddot{x} + b\dot{x} + k(x - X\cos\Omega t) = 0 \tag{3.46}$$

のように変更される。ここで，ゆさぶりの振幅と角振動数をそれぞれ X, Ω とした (ただし $X > 0, \Omega > 0$ とする)。式 (3.46) は，複素数 $z (= x + iy)$ の微分方程式

$$m\ddot{z} + b\dot{z} + kz - kXe^{i\Omega t} = 0 \tag{3.47}$$

の実部とみなすことができる。ここでは，この方程式の解のうち，

$$z = Ae^{i\Omega t} \tag{3.48}$$

という形のもの (A は複素数) に限って考えることにする。これは物体がゆさぶりと同じ角振動数で強制的に振動させられている状態を表し，**強制振動**という。

例題 3.6 式 (3.48) を式 (3.47) に代入し，A を求めなさい。

[解答] 代入すると，$\{(-m\Omega^2 + ib\Omega + k)A - kX\}e^{i\Omega t} = 0$ である。これが常に成り立つためには $\{\ \}$ の中が 0 でなければならない。したがって $A = \dfrac{k}{(k - m\Omega^2) + ib\Omega}X$ となる。 □

上で求めた A を $\omega = \sqrt{\dfrac{k}{m}}$ を用いてさらに整理すると，

$$A = \frac{\omega^2}{(\omega^2 - \Omega^2) + i\frac{b}{m}\Omega}X \tag{3.49}$$

となる。ここで $A = |A|e^{i\alpha}$ とすると，

$$|A| = \frac{\omega^2}{\sqrt{(\omega^2-\Omega^2)^2 + \frac{b^2}{m^2}\Omega^2}}X, \quad \tan\alpha = \frac{b\Omega}{m(\Omega^2-\omega^2)} \quad (3.50)$$

となる。したがって，
$$z = Ae^{i\Omega t} = |A|e^{i(\Omega t + \alpha)} \quad (3.51)$$

となり，これの実部をとった
$$x = |A|\cos(\Omega t + \alpha) \quad (3.52)$$

が実際の物体の運動を表す。たとえば，抵抗力が小さく $b \approx 0$ の場合を考えると，物体の振動の振幅 $|A|$ は $\Omega \approx \omega$ の場合に非常に大きな値をとる。このような現象を**共振**あるいは**共鳴**という。外から力を加え続けなくても起こる振動を**固有振動**といい，その振動の振動数を**固有振動数**，角振動数を**固有角振動数**という。この場合は ω が固有角振動数である。外部から振動する力を加えた場合，その振動の周期が固有振動の周期と一致した場合に大きな振動を引き起こすのが共振である。たとえば，お寺の重いつり鐘をむやみにつついても簡単にゆらすことはできないだろう。しかし，つり鐘がかってにゆれる場合と同じリズムで周期的に押すなら，指一本でも大きくゆらすことができるはずである。

練習問題 3

3.1 ブランコの板に小さなおもりを乗せて振動の周期を測定したところ，2.1 s であった。ブランコの支点からおもりまでの距離を求めなさい。ただし，振幅は小さく，おもり以外の部分の質量は無視できるものとする。

3.2 スカイダイビングをしているときに人間にはたらく空気抵抗は速度の 2 乗に比例し，運動方程式は
$$m\dot{v} = mg - Bv^2$$
となることが知られている。
 (a) 終端速度 v_∞ を求めなさい。
 (b) 変数分離法により微分方程式を解き，速度の時間依存性を求めなさい。ただし，初速度は 0 とする。必要ならば以下の変形を用いなさい。
$$\frac{2v_\infty}{v_\infty^2 - v^2} = \frac{1}{v_\infty - v} + \frac{1}{v_\infty + v}$$

3.3 3.6 節で述べた，ばねの復元力と粘性抵抗を受ける物体の運動で，$b^2 = 4mk$ の場合，
$$x = (C_1 + C_2 t)e^{\lambda t}$$
が解であることを示しなさい。ただし，$\lambda = -\dfrac{b}{2m}$ とする。

3.4 3.7 節で述べた強制振動について，以下の問いに答えなさい。
 (a) 物体の振動の振幅が，ある Ω (ただし，$\Omega \neq 0$) で極大値をもつことができるのは b がどのような場合か，考察しなさい。
 (b) $k \to +\infty$ の場合に物体の運動はどうなるか，意味も含めて考察しなさい。
 (c) $b \to +\infty$ の場合に物体の運動はどうなるか，意味も含めて考察しなさい。

3.5 水平な床の上を初速度 v_0 で運動する質量 m の物体がある。摩擦はなく，速度に比例した抵抗力 $-bv$ だけがはたらいている場合，物体が静止するまでに移動する距離を求めなさい。

4
仕事とエネルギー

　日常生活では，本人がいくら努力をしていると主張しても，結果をださなければ仕事をしたとは認めてもらえない。一方，まったく努力なしでできてしまう楽なことを仕事とはいわない。したがって，仕事とは，"努力×結果"のようなものだろう。おもしろいことに，物理学でも同じような考え方があり，"力×変位"を「仕事」と定義する。仕事をする能力のことを「エネルギー」という。エネルギーはさまざまに形を変えることができるが，何もないところから生じたり消えたりすることがない。これをエネルギー保存の法則という。

4.1 仕　　事

4.1.1 仕事の定義

　一定の力 $\vec{F}$ を加えている物体が $\Delta \vec{r}$ だけ変位したとすると，

$$W \equiv \vec{F} \cdot \Delta \vec{r} \tag{4.1}$$

をその力が物体にした**仕事**という。内積"·"の定義から，これは

$$W = F \Delta r \cos \phi \tag{4.2}$$

と書くこともできる。ただし，F と r はそれぞれ $\vec{F}$ と $\vec{r}$ の大きさ，ϕ は力と変位のなす角である。仕事は向きをもたず，大きさだけをもつスカラー量である。

図 4.1　一定の力 $\vec{F}$ を加えた物体が $\Delta \vec{r}$ だけ変位した場合，その力が物体にした仕事は $\vec{F} \cdot \Delta \vec{r}$ と定義される。

　この式から，いくら力を加えても物体が動かなければ，物理学では仕事をしたことにならないことになる。たとえば，どんなに頑張って重い物体を持っていても，物体が静止している限りは仕事は 0 である。静止させるだけであれば，人間が持つ代わりに棚に

置いたとしても物体にとっては同じであるが，棚板が仕事をしていると思う人はいないだろう．

仕事は力 (単位：N) と変位 (単位：m) の積なので，単位は N·m である．これをまとめて J と表し，ジュールとよぶ．

例題 4.1 重さ 10 kg の物体をゆっくり真上に 50 cm 持ち上げた．この過程で人間が物体に対してした仕事の大きさを求めよ．重力加速度の大きさを 9.8 m/s^2 とする．

[解答] 物体の運動はゆっくりで加速度を無視することができるので，持ち上げる過程で物体にはたらく力はつりあっている．人間は重力を打ち消す力を鉛直上向きに加え続けており，この力の大きさは $10 \times 9.8 = 98$ N である．力の向きと変位の向きは同じなので，力に変位の大きさ 0.5 m をかけると，仕事は 49 J となる． □

仕事を考えるときは，何が何に対して行った仕事かをはっきりさせる必要がある．人間が張力 T で犬を引っぱり続けて，引っぱった向きに犬を距離 d だけ歩かせた場合は，人間は犬に Td という正の仕事をしたことになる．一方，人間が張力 T で犬を引っぱっていても，犬が力に逆らう向きに距離 d だけ歩いた場合は，人間が犬にした仕事は

図 4.2 何が何にした仕事か？

$-Td$ となり，負の値をとる．正の仕事をしている場合は必ず疲れるが，負の仕事をしている場合はどうだろうか．いうことをきかない犬に人間が引っぱられる場合，(精神的には疲れるかもしれないが) 実は犬に運ばれて楽をさせてもらっていると考えることができる．この場合，犬の立場からみれば，人間に対して正の (疲れる) 仕事をしていることになる．

4.1.2 複数の力がはたらいている場合の仕事

物体に複数の力がはたらいている場合の仕事を考える．それぞれの力を $\vec{F}_j$ ($j = 1, \cdots, n$) とする．これらの合力 $\vec{F}$ がする仕事 W は，

$$W = \vec{F} \cdot \Delta \vec{r} = \left(\sum_{j=1}^{n} \vec{F}_j \right) \cdot \Delta \vec{r} = \sum_{j=1}^{n} \left(\vec{F}_j \cdot \Delta \vec{r} \right) = \sum_{j=1}^{n} W_j \qquad (4.3)$$

となる．ただし，$W_j = \vec{F}_j \cdot \Delta \vec{r}$ とした．このことから，合力がする仕事はそれぞれの力がする仕事の和に等しいことがわかる．

例題 4.2 傾斜角 θ の斜面に置かれた質量 m の物体に，図 4.3 のような一定の力 $\vec{F}$ を加えて距離 l だけゆっくり上昇させた．加えた力が物体にした仕事は，重力が物体にした仕事と符号が逆で絶対値が等しいことを示しなさい．

[解答] 物体には，加えた力 $\vec{F}$，重力 $m\vec{g}$，垂直抗力 $\vec{N}$ の 3 つの力がはたらいており，それぞれの力がした仕事を W_F, W_g, W_N とする．また，これらの合力がした仕事を W とすると，式 (4.3) により，

$$W = W_F + W_g + W_N$$

となる。物体はゆっくり運動していて加速度は無視できるので、これらの合力は常に 0 になり、$W = 0$ である。また、垂直抗力と変位は互いに垂直なので、$W_N = 0$ が常に成り立つ。したがって、$W_F = -W_g$ となる。実際に計算してみると、$F = mg\sin\theta$ なので $W_F = mgl\sin\theta$ となる。一方、重力と変位のなす角は $\theta + 90°$ なので $W_g = mgl\cos(\theta + 90°) = -mgl\sin\theta$ である。よって、$W_F = -W_g$ が成り立っていることが確認された。 □

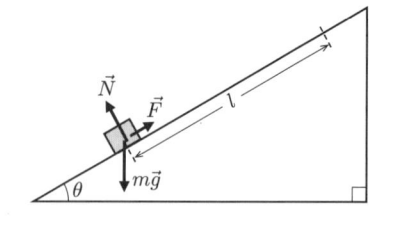

図 4.3　斜面における仕事

4.1.3 変化する力による仕事

重力のように場所によらずに一定の力の場合は、仕事の計算は簡単であった。それでは場所によって変化する力の場合はどうだろうか。例として、ばねを自然長から x_1 だけゆっくり伸ばす際に外力がする仕事を求めてみよう。ばねを伸ばすためには、ばねを引き戻そうとする復元力 $-kx$ を打ち消す力を常に加えなくてはならないが、式 (4.2) をそのまま使って仕事を計算することはできない。なぜなら、この場合外力 F は一定ではなく、場所の関数 $F(x) = kx$ であるからである。

このような場合の仕事は、**微小仕事のたしあわせ**という考え方により求めることができる。位置 x にあったばねを dx だけ移動させる際に必要な微小仕事 dW は

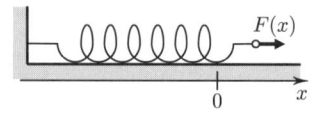

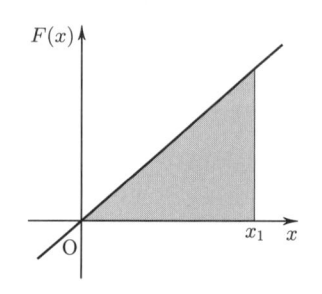

図 4.4　ばねを伸ばす際の仕事

$$dW = F(x)\,dx \tag{4.4}$$

と書くことができる。ばねを自然長から x_1 だけ伸ばす間に外力がする仕事は、これらの微小仕事のたしあわせ、すなわち、積分

$$W = \int dW = \int_0^{x_1} F(x)\,dx \tag{4.5}$$

である。この積分を計算すると、

$$W = \int_0^{x_1} kx\,dx = \left[\frac{1}{2}kx^2\right]_0^{x_1} = \frac{1}{2}kx_1^2 \tag{4.6}$$

となり、図 4.4 の直角三角形の面積に等しい。

4.1.4 非直線経路での仕事

2 次元、3 次元空間における仕事を考える際、物体を移動させる経路は直線とは限らない。このような場合も、微小仕事のたしあわせという考え方が使える。微小な変位 $d\vec{r}$ の間に力 $\vec{F}$ がする微小仕事は

4.1 仕事

$$dW = \vec{F}(\vec{r}) \cdot d\vec{r} \tag{4.7}$$

である．ある経路にそって行われた仕事は，このような微小仕事の和，すなわち積分

$$W = \int dW = \int_C \vec{F}(\vec{r}) \cdot d\vec{r} \tag{4.8}$$

で表される．ここで C は経路を表す．ある経路にそって行われるこのような積分のことを**線積分**という．線積分の具体的な計算法については，付録 A.4 を参照のこと．

例題 4.3 地面からの高さが h の場所から質量 m の物体を初速度 v_0 で真横に放り投げたところ，物体は放物運動して地面に達した．放り投げてから地面に達するまでに重力がした仕事を求めなさい．

［解答］重力を $m\vec{g}$ とすると，重力がする仕事は

$$W = \int_C m\vec{g} \cdot d\vec{r}$$

と書くことができる．ここで，C は放り投げられてから地面に達するまでの物体の軌跡である．初速度の向きに x 軸，鉛直上向きに y 軸をとり，重力加速度の大きさを g とする．微小変位および重力をそれぞれ成分で

$$d\vec{r} = (dx, dy), \quad m\vec{g} = (0, -mg)$$

のように表すと，仕事は

$$W = \int_h^0 (-mg)\,dy = mgh$$

と書ける．ただし，積分変数は y なので，積分の下限と上限をそれぞれ $h, 0$ とおいた． □

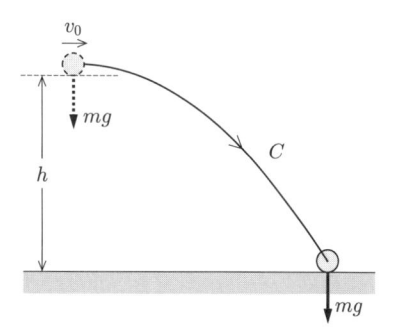

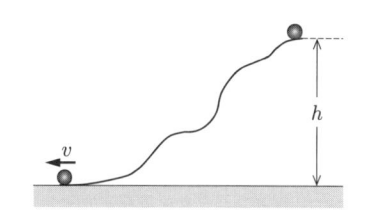

図 4.5 重力がする仕事

このように，重力がする仕事は最初と最後の高低差のみで決まり，途中の経路には依存しない．この問題では放物運動を考えたが，たとえば，複雑な形状のすべり台を滑る場合であっても (図 4.5 下)，重力がする仕事は高低差だけで決まる．

例題 4.4 表面が粗い水平面がある．この面に質量 m の物体を置き，経路 C にそって動かした．動摩擦力がした仕事を求めなさい．ただし，動摩擦係数を μ_k，経路 C の道のり (経路にそった長さ) を l とする．

［解答］物体が運動している間，大きさ $mg\mu_k$ の動摩擦力がはたらくが，動摩擦力は運動を妨げる力なので，その向きは常に進行方向と正反対である．動摩擦力を $\vec{f}$，微小変位を $d\vec{r}$ とし，$d\vec{r}$ の大きさを dr と書くと

$$\vec{f} \cdot d\vec{r} = -mg\mu_k\, dr$$

となる．したがって動摩擦力がした仕事は

$$W = \int_C \vec{f} \cdot d\vec{r} = -mg\mu_k \int_C dr = -mg\mu_k l$$

となる． □

4.1.5 保存力と非保存力

以上に示したように，重力がする仕事は運動の始点と終点だけで決まり，途中の経路には依存しないのに対し，摩擦力がする仕事は始点と終点だけでは決まらず，途中の経路にも依存する。一般に

> **保存力と非保存力**
> 運動の始点と終点が与えられるだけで仕事が決まる性質をもつ力を保存力，始点と終点が同じでも，途中の経路によって仕事が変わる性質をもつ力を非保存力という。

このことから重力は保存力，動摩擦力は非保存力であるといえる。保存力という名前の由来については後に述べる。

標高 0 の山麓から標高 h の山頂まで，質量 m の物体を重力に逆らって運び上げるのに必要な仕事は mgh であり，途中どのような道を通るかには依存しない。緩やかな斜面のほうが力が小さくてすむが，移動距離が長くなってしまう。一方，急斜面では大きい力が必要だが移動距離は短くてすむ。このように，保存力に逆らって行う仕事は，途中の経路を変えても常に同じである。これを**仕事の原理**という。

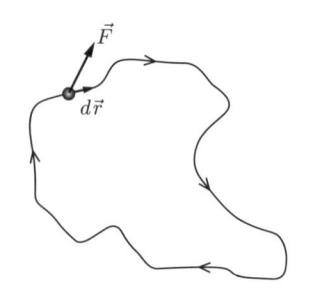

図 4.6 閉じた経路を 1 周する間に保存力がする仕事は常に 0 である。

特別な場合として，始点と終点が同じ場合がある。このような閉じた経路を 1 周する場合，保存力がする仕事は必ず 0 になる (図 4.6)。

例題 4.5 物体が位置 A から位置 B に移動する際に保存力がする仕事を W とすると，位置 B から位置 A に移動する際に保存力がする仕事は $-W$ であることを示しなさい。

[解答] 物体が位置 A から位置 B を通り，再び A に戻ってくる経路を考える (往路と復路は必ずしも同じでなくてよい)。この場合，始点と終点が同じなので，保存力が全経路でする仕事は 0 である。したがって，保存力が往路でする仕事を W，復路でする仕事を W' とすると $W + W' = 0$ となり，$W' = -W$ が導かれる。 □

大きさ F の動摩擦力に逆らって物体を l だけ移動させるのに必要な仕事と，大きさ F の重力に逆らって物体を l だけ持ち上げるのに必要な仕事はいずれも Fl であるが，どちらのほうがやりがいのある仕事だろうか。物体をもとの位置にもどすことを考えると，その違いがはっきりする。摩擦力の場合，もとの位置にもどすときには再び摩擦力に逆らって物体を引っぱることになるので，また Fl という仕事をしなくてはならない。それに対して重力の場合，外力は上向きなのに変位は下向きなので，外力は $-Fl$ という負の仕事をすることになる。負の仕事をするということは，楽をさせてもらうということになるので，重力のような保存力に逆らってする仕事のほうが，後で「もとがとれる」やりがいのある仕事といえる。

4.1.6 仕事率

単位時間当たりの仕事を**仕事率**という。時間 Δt 秒当たりに行われる仕事が ΔW [J] であるとき，仕事率は

$$P \equiv \frac{\Delta W}{\Delta t} \tag{4.9}$$

と表される。仕事率の単位は J/s であるが，これを W と書いてワットと読む。

例題 4.6 体重 50 kg の人がエレベーターに乗り，高さ 100 m を 40 秒かけて上昇した。エレベーターが人に対してする平均の仕事率 (速度が一定と仮定した場合の仕事率) を計算しなさい。ただし，重力加速度の大きさを 9.8 m/s^2 とする。

[解答] エレベーターが重力に逆らって人を 100 m 上昇させる際にした仕事は $50 \times 9.8 \times 100 = 49000$ J である。これを 40 秒で割ったのが仕事率なので，仕事率は $49000/40 = 1225$ W となる。

Memo

「力を英語で何というか？」とたずねると，power と答える人がいるかもしれない。しかし，物理学の「力」のことを英語では force という。英語の power という単語は，実は仕事率を意味する。重量挙げの選手が重いバーベルを持ち上げたまま静止している瞬間の仕事率は 0 である。その選手は「力持ち」かもしれないが，その瞬間だけで「パワーがある」といってはいけない。パワーがある人とは，重いものを短時間で高いところに運ぶ能力がある人をさす。

混乱を招く和訳として，自動車などの能力を表す「馬力」(horse power) という単位がある。力という言葉がついているが，馬力は仕事率を表す量で，1 馬力 ≈ 745.7 W という関係がある。

4.2 エネルギー

4.2.1 エネルギー

人間は仕事をすることができるが，棚板はできない。仕事をする能力のことを**エネルギー**という。たとえば，電池はモーターを回して仕事をすることができるので，エネルギーをもっているといえる。このとき電池はたくわえられていた化学エネルギーを電気エネルギーに変えて仕事をしている。一方，私たち人間のエネルギーの源は食物の化学エネルギーであり，食物は植物が光合成を行うことで作られるので，さらにその源は太陽の光エネルギーといえる。

一般に，エネルギーは形を変えることがあっても，何もないところから発生したり，消えてしまったりすることがない。これを**エネルギー保存の法則**という。あらゆるエネルギーについて理解することは本書の範囲を超えてしまうので，ここではもっとも基本的なポテンシャルエネルギーと運動エネルギーについて学ぶことにする。

4.2.2 ポテンシャルエネルギー

高い所にある物体が低い所に移動する際に，重力は仕事をすることができる。つまり，物体は高い所に置かれているだけで，仕事をする能力 (エネルギー) をもっているといえ

る。このようなエネルギーを**重力によるポテンシャルエネルギー**，あるいは**位置エネルギー**という。以下に示すように，重力以外のあらゆる保存力に対してもポテンシャルエネルギーを定義することができる。

保存力がはたらいている物体が力の向きに移動すると，保存力は物体に仕事をする。もう少し状況をはっきりさせるために，移動の終点を $\vec{r}_0$ に固定することにしよう。この位置を，**基準の位置**とよぶことにする。

物体が位置 $\vec{r}$ から $\vec{r}_0$ へ移動する際に保存力がする仕事

$$U(\vec{r}) \equiv \int_{\vec{r}}^{\vec{r}_0} \vec{F}(\vec{s}) \cdot d\vec{s} = \int_{\vec{r}_0}^{\vec{r}} \{-\vec{F}(\vec{s})\} \cdot d\vec{s} \tag{4.10}$$

を，位置 $\vec{r}$ におけるポテンシャルエネルギーと定義する。$\vec{F}$ は保存力なので，この積分は経路に依存しない。そのため，ポテンシャルエネルギーは位置 $\vec{r}$ の関数として一意に定まる。一方，保存力でない力に対してはポテンシャルエネルギーを定義することができない。式 (4.10) の右辺によれば，ポテンシャルエネルギーとは物体を基準の位置 $\vec{r}_0$ から保存力に逆らって $\vec{r}$ まで運ぶのに必要な仕事，と解釈することもできる。たとえば，物体を重力に逆らって基準の位置から持ち上げるのに必要な仕事が**重力ポテンシャルエネルギー**であり，ばねを弾性力に逆らって自然長から伸ばしたり縮めたりするのに必要な仕事が**弾性ポテンシャルエネルギー**である。定義から，基準の位置のポテンシャルエネルギー $U(\vec{r}_0)$ は 0 である。

---ポテンシャルエネルギー---
ある位置におかれた物体が基準の位置に移動する際に保存力がする仕事のことを，その位置におけるポテンシャルエネルギーという。

ポテンシャルエネルギーは仕事と同じ J（ジュール）という単位をもつ。

例題 4.7 鉛直上向きに z 軸をとる。任意の位置 $\vec{r} = (x, y, z)$ における重力のポテンシャルエネルギーを求めなさい。ただし，地面の高さに座標軸の原点を置き，ポテンシャルエネルギーの基準とする。

［解答］ポテンシャルエネルギーは

$$U(x, y, z) = \int_{\vec{r}}^{\vec{0}} m\vec{g} \cdot d\vec{s}$$

により求まる。ここで重力加速度を $\vec{g} = (0, 0, -g)$ とした。重力は保存力なので，積分経路はどのようにとってもよい。そこで，積分経路を水平方向の直線移動 $C_\mathrm{h} : (x, y, z) \to (0, 0, z)$ と垂直方向の直線移動 $C_\mathrm{v} : (0, 0, z) \to (0, 0, 0)$ に分けて計算すると，

$$U(x, y, z) = \int_{C_\mathrm{h}} m\vec{g} \cdot d\vec{s} + \int_{C_\mathrm{v}} m\vec{g} \cdot d\vec{s}$$

となる。経路 C_h では常に $\vec{g} \perp d\vec{s}$ なので，第 1 項の積分は 0 になる。したがって

$$U(x, y, z) = \int_{C_\mathrm{v}} m\vec{g} \cdot d\vec{s} = \int_z^0 m(-g)\, dz' = mgz$$

となる。つまり，重力のポテンシャルエネルギーは高さ z のみの関数になる。　　□

例題 4.8
自然長から x だけ引き伸ばされたばねのポテンシャルエネルギーを求めなさい。ただし，自然長を基準の位置とする。

[解答] 自然長にもどるまでに弾性力がする仕事 W は

$$W = \int_x^0 F(x')\,dx' = \int_x^0 (-kx')\,dx' = \left[-\frac{1}{2}kx'^2\right]_x^0 = \frac{1}{2}kx^2 \tag{4.11}$$

であるので，x だけ引き伸ばされたばねはポテンシャルエネルギー $U(x) = \frac{1}{2}kx^2$ をもっているといえる。 □

---- *Memo* ----
ポテンシャルエネルギーが小さい場所から大きい場所へ物体を移動させるには，外から仕事をしなければならない。逆に，物体を自由に動ける状態にしておくと，物体はポテンシャルエネルギーが小さい場所へ自発的に移動しようとする。たとえば，重力のポテンシャルエネルギーの場合は物体は低い位置へ，ばねのポテンシャルエネルギーの場合はつりあいの位置へと動こうとする。このことから，直観的に「ポテンシャルエネルギーが小さい場所ほど居心地がよい」と理解してよい。

次に，質量 M の物体が原点に固定されている場合に，位置 $\vec{r}$ にある質量 m の物体が受ける万有引力のポテンシャルエネルギーを求めてみよう。原点からの距離を保つように物体を動かすと，その変位は万有引力と常に垂直なので，万有引力は仕事をしない。そのため，原点を中心とするある球面上ではどの点でもポテンシャルエネルギーが等しく，ポテンシャルエネルギーは原点からの距離だけの関数になる。万有引力の場合，原点で無限大になってしまうので，基準の位置を原点におくことができない。そこで，原点から無限に遠い場所 (無限遠) をポテンシャルエネルギーの基準の位置とするのがふつうである。物体が位置 $\vec{r}$ から無限遠まで移動する間に万有引力がする仕事を計算すると，ポテンシャルエネルギーが

$$U(\vec{r}) = \int_{\vec{r}}^{\vec{r}_0} \vec{F}(\vec{s}) \cdot d\vec{s}$$

$$= -\int_r^{+\infty} G\frac{Mm}{s^2}\,ds = \left[G\frac{Mm}{s}\right]_r^{+\infty} = -G\frac{Mm}{r}$$

と求まる。ただし，$|\vec{r}| = r$ とおいた。この場合，ポテンシャルエネルギーは基準の位置 (無限遠) でもっとも大きな値である 0 をとり，それ以外では負の値になる。この式から，原点に近づくほどポテンシャルエネルギーが小さくなる (居心地がよくなる) という引力の性質がよみとれる。

例題 4.9
ポテンシャルエネルギーが U_1 の場所から U_2 の場所へ物体が移動した。その間に保存力がする仕事 W を求めなさい。

[解答] $U_1 = U(\vec{r}_1)$，$U_2 = U(\vec{r}_2)$ とし，求める仕事を積分で表すと，

$$W = \int_{\vec{r}_1}^{\vec{r}_2} \vec{F}(\vec{s}) \cdot d\vec{s} \tag{4.12}$$

である。保存力がする仕事は経路によらないので，基準の位置を経由地としてもかまわない。したがって

$$W = \int_{\vec{r}_1}^{\vec{r}_0} \vec{F}(\vec{s}) \cdot d\vec{s} + \int_{\vec{r}_0}^{\vec{r}_2} \vec{F}(\vec{s}) \cdot d\vec{s}$$

$$= \int_{\vec{r}_1}^{\vec{r}_0} \vec{F}(\vec{s}) \cdot d\vec{s} - \int_{\vec{r}_2}^{\vec{r}_0} \vec{F}(\vec{s}) \cdot d\vec{s}$$

$$= U_1 - U_2 \tag{4.13}$$

となる。□

この例題から明らかなように，物体が移動する際に保存力がする仕事 W は

$$\boxed{W = U_1 - U_2} \tag{4.14}$$

で表され，最初の位置におけるポテンシャルエネルギー U_1 と最後の位置におけるポテンシャルエネルギーの U_2 の差に等しいことがわかる。この関係は，ポテンシャルエネルギーを預金の残高，保存力がする仕事を引き出したお金のようにたとえるとわかりやすい。

4.2.3 運動エネルギー

運動している物体も，静止するまでの間に仕事をする能力をもっている。これを**運動エネルギー**という。たとえば，飛んできた野球のボールが静止するまでの間にグローブに対してする仕事を計算してみよう。ボールの質量を m，速度を v とし，運動の向きを正とする。ボールをキャッチする間，グローブはボールに負の加速度を与えなくてはならない。その間，(無意識のうちに) グローブを手前に引きながらボールを減速させているのがふつうである。簡単のため，減速する間のボールの運動は等加速度運動としよう。ボールの加速度を $-a$ とし，グローブを引いた距離を x とすると，等加速度運動の公式 (1.18) により，

$$v^2 = 2ax \tag{4.15}$$

となる。運動方程式によれば，減速させる過程でグローブはボールに大きさ ma の力を負の向きに加えている。作用・反作用の法則によれば，このときボールは同じ大きさの力で正の向きにグローブを押しており，この力がする仕事は $W = max$ と計算される。式 (4.15) を用いて a と x を消去すると，

$$W = \frac{1}{2}mv^2 \tag{4.16}$$

となる。つまり，速さ v で運動する質量 m の物体は，静止するまでに $\frac{1}{2}mv^2$ という仕事をする能力をもっているといえる。これを運動エネルギーという。運動エネルギーの単位は仕事と同じ J (ジュール) である。

運動エネルギー

質量 m の物体が速さ v で運動しているとき，運動エネルギー $\frac{1}{2}mv^2$ をもつ。

4.2 エネルギー

例題 4.10 仕事の単位と運動エネルギーの単位が等しいことを示しなさい。

[解答] 仕事 = 力 × 距離 であり，力 = 質量 × 加速度 である。したがって仕事の単位は，$[\mathrm{kg}]\cdot[\mathrm{m/s^2}]\cdot[\mathrm{m}] = [\mathrm{kg\cdot m^2\cdot s^{-2}}]$ である。一方，運動エネルギーは，質量 × (速度)^2 の単位と等しいので，$[\mathrm{kg}]\cdot[\mathrm{m^2/s^2}]$ であり，仕事の単位と一致していることがわかる。 □

例題 4.11 質量 5 kg の物体が速さ 10 m/s で運動している。運動エネルギーを計算しなさい。

[解答] 運動エネルギーは，$\frac{1}{2}mv^2 = \frac{1}{2}\times 5 \times 10^2 = 250$ J と計算される。 □

次に，速さ v_1 で運動している質量 m の物体に，一定の力 F を進行方向に加えて加速させる場合を考えよう。力を加え続ける距離を d，力を加える前の物体の速さを v_1，加えた後の速さを v_2 とすると，等加速度運動の公式 (1.18) より，

$$v_2^2 - v_1^2 = 2\frac{F}{m}d$$
$$\therefore \quad \frac{1}{2}mv_2^2 - \frac{1}{2}mv_1^2 = Fd \tag{4.17}$$

という関係が導かれる。左辺は運動エネルギーの増加分，右辺は物体にした仕事なので，

$$\boxed{K_2 - K_1 = W} \tag{4.18}$$

という関係が得られる。ただし，K_1, K_2 はそれぞれ仕事をする前と後の運動エネルギー，W は力が物体にした仕事を表す。この式から，

---運動エネルギーと仕事の関係---
> 物体に力を加えて仕事をすると，そのぶん運動エネルギーが増加する。

が導かれる。ただしこの場合の力とは，物体に加えられたすべての力の合力を意味する。

以上では 1 次元の等加速度運動を例にとったが，一般的な場合について式 (4.18) の関係を導いてみよう。運動方程式

$$m\frac{d\vec{v}}{dt} = \vec{F} \tag{4.19}$$

の両辺に $d\vec{r}$ を内積の形でかけると，

$$m\frac{d\vec{v}}{dt}\cdot d\vec{r} = \vec{F}\cdot d\vec{r} \tag{4.20}$$

となり，右辺は微小仕事を表す。両辺をある経路 C にそって積分すると，

$$\int_C m\frac{d\vec{v}}{dt}\cdot d\vec{r} = \int_C \vec{F}\cdot d\vec{r} \tag{4.21}$$

となり，右辺は経路にそって物体を移動させたときに力 $\vec{F}$ がした仕事を表す。ここで

$$I_x = \int_C \frac{dv_x}{dt}dx, \quad I_y = \int_C \frac{dv_y}{dt}dy, \quad I_z = \int_C \frac{dv_z}{dt}dz \tag{4.22}$$

と定義すると，左辺は $m(I_x + I_y + I_z)$ と書くことができる。$dx = v_x dt$ の関係を用いると，

$$I_x = \int_{t_1}^{t_2} \frac{dv_x}{dt} v_x \, dt \tag{4.23}$$

となる。ただし移動前,移動後の時刻をそれぞれ t_1, t_2 とした。部分積分を用いると,

$$I_x = \left[v_x^2\right]_{t_1}^{t_2} - \int_{t_1}^{t_2} v_x \frac{dv_x}{dt} \, dt = v_x^2(t_2) - v_x^2(t_1) - I_x \tag{4.24}$$

となり,I_x について解くと

$$I_x = \frac{1}{2}\{v_x^2(t_2) - v_x^2(t_1)\} \tag{4.25}$$

となる。y, z 成分についても同様の計算を行うと,式 (4.21) の左辺は

$$\frac{1}{2}mv_2^2 - \frac{1}{2}mv_1^2 \tag{4.26}$$

のように変形できる。ただし,v_1, v_2 はそれぞれ移動前,移動後の速さである。

以上により,式 (4.21) は $K_2 - K_1 = W$ を意味することが明らかになり,式 (4.18) が非直線経路や場所により変化する力の場合でも成り立つことが証明された。

例題 4.12 人間が,最初に静止している物体を h だけ上方に移動させて静止させた場合は,途中どのような持ち上げ方をしたとしても,人間が物体に対してした仕事は正確に mgh であることを証明しなさい。

[解答] 鉛直上向きを z 軸の正の向きとする。人間が加えた外力を $F(z)$,重力加速度の大きさを g とすると,物体にはたらく力の合力は

$$F_{\text{total}}(z) = F(z) - mg$$

となる。この問題の場合は,物体が途中で加速度運動してもよいので $F_{\text{total}}(z)$ は 0 である必要はない。ただし,持ち上げる前と後の運動エネルギーは正確に 0 なので,式 (4.18) によれば合力がする仕事は正確に 0,すなわち $\int_0^h F_{\text{total}}(z) \, dz = 0$ でなくてはならない。したがって,

$$\int_0^h F(z) \, dz + \int_0^h (-mg) \, dz = 0, \quad \text{すなわち} \quad \int_0^h F(z) \, dz = mgh$$

が成り立つ。つまり,途中物体をどのように動かしたとしても,最初と最後が静止しているのならば,外力 $F(z)$ がした仕事は正確に mgh となる。 □

4.2.4 力学的エネルギー保存の法則

保存力だけがはたらいている物体を考える。物体が移動する際に保存力がする仕事は運動エネルギーの増加のみに使われるので,式 (4.14) と式 (4.18) から W を消去すると,

$$U_1 - U_2 = K_2 - K_1 \tag{4.27}$$

すなわち,

$$\boxed{U_1 + K_1 = U_2 + K_2} \tag{4.28}$$

となる。ポテンシャルエネルギーと運動エネルギーの和を**力学的エネルギー**という。式 (4.28) は力学的エネルギーが時刻によらず一定であることを意味し,これを**力学的エネルギー保存の法則**という。

4.2 エネルギー

> **力学的エネルギー保存の法則**
>
> 保存力のみを受けている物体の運動では，ポテンシャルエネルギーと運動エネルギーの和は時刻によらず一定である。

たとえば物体が落下すると，ポテンシャルエネルギーは時刻とともに減少していき，運動エネルギーは増加していく。しかし，これら2つのエネルギーをたしたものは時刻によらずに常に一定である。エネルギーという立場から考えると，保存力を受ける物体の運動とは，ポテンシャルエネルギーが運動エネルギーへ，あるいは運動エネルギーがポテンシャルエネルギーへと変化する過程であると理解することができる。

例題 4.13 質量 m の物体を水平面に対して角度 θ 上方に速さ v で投げ上げた。物体の高さの最大値 h を求めなさい。ただし，投げ上げた位置の高さを0とする。

[解答] 放物運動の公式を用いて解くこともできるが，ここではエネルギー保存の法則を用いて考えてみよう。放物運動の性質から，物体の速度の水平方向の成分 v_x は常に一定で，$v_x = v\cos\theta$ である。物体が最高点に達した瞬間，物体の速度の垂直成分は0になるので，その瞬間の運動エネルギーは $\frac{1}{2}mv_x^2 = \frac{1}{2}mv^2\cos^2\theta$ である。物体が初期の位置にある場合と最高点にある場合の力学的エネルギーは等しいので，$\frac{1}{2}mv^2 = \frac{1}{2}mv^2\cos^2\theta + mgh$ となる。これを h について解くと，$h = \dfrac{v^2\sin^2\theta}{2g}$ となる。 □

4.2.5 束縛力と仕事

物体が斜面にそって滑るのは垂直抗力があるからであり，振り子が円弧を描くのは，ひもの張力があるからである。これらの力は，物体が決められた経路を運動するように束縛する役割をもつので**束縛力**とよばれる。束縛力は，運動の方向と常に垂直であるという性質をもつ。微小変位を $d\vec{r}$，その場所における束縛力を $\vec{F}_c$ と書くと常に $\vec{F}_c \cdot d\vec{r} = 0$ なので，束縛力が全経路でする仕事は

$$W_c = \int \vec{F}_c \cdot d\vec{r} = 0 \quad (4.29)$$

である。これにより束縛力は仕事をしないことが示された。

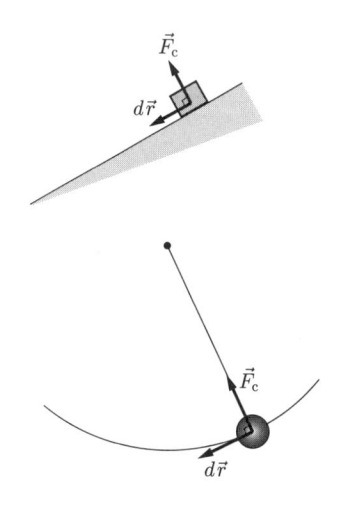

図 4.7 束縛力は仕事をしない。

束縛力は仕事をしないので，力学的エネルギー保存の法則を考える際に，束縛力の存在は考慮に入れる必要がない。この考え方は計算をとても楽にする。たとえば，摩擦や空気抵抗のない場合，高さ h で静止した状態からスタートしたジェットコースターが高さ0になったときの速さを v とすると，途中のコースがどうであっても，力学的エネルギー保存の法則から

$$mgh = \frac{1}{2}mv^2 \tag{4.30}$$

が成り立つ。

― *Memo* ―

ジェットコースターは，最初の登り坂だけ電力で引っ張り上げられるが，それ以外は動力なしで走る。いってみれば位置エネルギーを動力とする乗り物といえる。ジェットコースターはスリルを味わうために設計されているが，傾斜をゆるやかにすれば，電車のように通勤や通学に使える乗り物になるかもしれない。客車にモーターやエンジンを搭載しなくてもかまわないので，車両の小型化や軽量化，電力の削減が期待される。近い将来，ジェットコースターのような乗り物が都会を走る光景がみられるかもしれない。

エネルギー保存の法則は，保存力や束縛力だけがはたらいている場合には成り立つが，摩擦力や抵抗力などの非保存力がはたらいている場合は成り立たない。

例題 4.14 空気抵抗を受け，終端速度で落下する物体に対しては，力学的エネルギー保存の法則は成り立たないことを示しなさい。

[解答] 終端速度 v_∞ で落下する物体では，単位時間当たり mgv_∞ のポテンシャルエネルギーが減少する。一方，速度が一定なので，運動エネルギーは時間によらず一定である。このことから，全力学的エネルギーは単位時間当たり mgv_∞ 失われるので，エネルギー保存の法則は成り立たない。 □

― *Memo* ―

保存力という言葉には「力学的エネルギーが保存される力」という意味が込められている。摩擦力などの非保存力がはたらいている場合は，力学的エネルギーは保存されず，時間の経過とともに減少してしまう。これはエネルギーそのものが消えてしまうためではなく，力学的エネルギーが目に見えない熱エネルギー変わってしまうためである。熱力学によれば，熱エネルギーを純粋に力学的エネルギーにもどすことはできない（熱力学の第2法則）。物体の運動のようすをビデオに撮って逆回しで再生してみた場合，もし画像が不自然にみえるなら，必ず非保存力がはたらいていると思ってよい。

4.2.6 ポテンシャルエネルギーから保存力を導く

保存力が位置の関数として与えられている場合には，線積分を用いてポテンシャルエネルギーを計算することができた。それでは逆に，ポテンシャルエネルギーが与えられている場合に保存力を計算するにはどうしたらよいだろうか。

まず1次元の場合を考えてみよう。位置 x から $x+dx$ までの微小な変位の間，保存力がする仕事は $F(x)\,dx$ で与えられる。式 (4.14) より，この仕事はポテンシャルエネルギーの減少分に等しいので

$$F(x)\,dx = U(x) - U(x+dx)$$

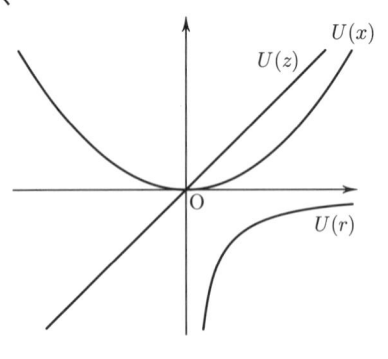

図 4.8 重力 $U(z)$，ばねの弾性力 $U(x)$，万有引力 $U(r)$ に関するポテンシャルエネルギーの概形

4.2 エネルギー

が成り立つ。これより，

$$F(x) = -\frac{U(x+dx) - U(x)}{dx} = -\frac{dU}{dx} \tag{4.31}$$

となる。つまり，保存力はポテンシャルエネルギーを位置で微分し，負符号をつけたものに等しい。試しに1次元のばねの弾性エネルギー $U(x) = \frac{1}{2}kx^2$ の場合にこれを適用すると，弾性力 $F(x) = -kx$ が得られることがすぐにわかる。重力 $U(z) = mgz$，ばね $U(x) = \frac{1}{2}kx^2$，万有引力 $U(r) = -G\frac{Mm}{r}$ のポテンシャルエネルギーの概形を図 4.8 に示す。ポテンシャルエネルギーが下がる向きが保存力の向き，傾斜の激しさが保存力の大きさを表している。

次に，3次元の場合，微小変位がベクトル $d\vec{r}$ であることに注意し，保存力がする仕事とポテンシャルエネルギーの減少分が一致することを式で表すと，

$$\vec{F}(\vec{r}) \cdot d\vec{r} = U(\vec{r}) - U(\vec{r} + d\vec{r}) \tag{4.32}$$

となる。ここで，

$$\begin{aligned}
U(\vec{r} + d\vec{r}) - U(\vec{r}) &= U(x+dx, y+dy, z+dz) - U(x, y, z) \\
&= \frac{U(x+dx, y+dy, z+dz) - U(x, y+dy, z+dz)}{dx} dx \\
&\quad + \frac{U(x, y+dy, z+dz) - U(x, y, z+dz)}{dy} dy \\
&\quad + \frac{U(x, y, z+dz) - U(x, y, z)}{dz} dz \\
&= \frac{\partial U(x,y,z)}{\partial x} dx + \frac{\partial U(x,y,z)}{\partial y} dy + \frac{\partial U(x,y,z)}{\partial z} dz \tag{4.33}
\end{aligned}$$

となる。$\frac{\partial U}{\partial x}$ は，他の変数 y, z を固定しておいたままで U を x に関して微分したものを意味し，x についての**偏微分**とよばれる。$\frac{\partial U}{\partial y}, \frac{\partial U}{\partial z}$ についても同様である。式 (4.32) の左辺が任意の $d\vec{r}$ について成り立つためには，

$$(F_x, F_y, F_z) = \left(-\frac{\partial U}{\partial x}, -\frac{\partial U}{\partial y}, -\frac{\partial U}{\partial z}\right) \tag{4.34}$$

でなければならない。この関係は

$$\vec{F} = -\nabla U \tag{4.35}$$

と省略して表すこともできる。ここで ∇ は

$$\nabla \equiv \left(\frac{\partial}{\partial x}, \frac{\partial}{\partial y}, \frac{\partial}{\partial z}\right) \tag{4.36}$$

で定義され，ナブラと読む。ポテンシャルエネルギー U はスカラー関数，$\vec{F}$ はベクトルなので，ここでは ∇ はスカラーからベクトルを導く**演算子**である。f をスカラー関数としたとき，∇f を f の**勾配**という。

例題 4.15 以下の関数に対する勾配を計算しなさい。

(1) $f(x,y,z) = \sin x \sin y \sin z$
(2) $f(x,y,z) = \sqrt{x^2+y^2+z^2}$

[解答] (1) $\frac{\partial f}{\partial x} = \cos x \sin y \sin z$, $\frac{\partial f}{\partial y} = \sin x \cos y \sin z$, $\frac{\partial f}{\partial z} = \sin x \sin y \cos z$ なので、
$\nabla f = (\cos x \sin y \sin z, \sin x \cos y \sin z, \sin x \sin y \cos z)$.

(2) $\frac{\partial f}{\partial x} = x(x^2+y^2+z^2)^{-\frac{1}{2}}$, $\frac{\partial f}{\partial y} = y(x^2+y^2+z^2)^{-\frac{1}{2}}$, $\frac{\partial f}{\partial z} = z(x^2+y^2+z^2)^{-\frac{1}{2}}$ なので、$\nabla f = \frac{1}{\sqrt{x^2+y^2+z^2}}(x,y,z)$. □

4.2.7 勾配の直観的説明

勾配のイメージをつかむために、2次元で考えてみよう。ある地点 (x,y) における標高を $f(x,y)$ とする。図 4.9 はその一例であり、地形を等高線を用いて表している。このとき、勾配 $\nabla f(x,y)$ とは、その地点における地面の傾斜を現すベクトルである。ベクトル ∇f の向きは斜面をもっとも登る向きを表し、∇f の大きさは傾斜の激しさを表している。

ポテンシャルエネルギー $U(x,y)$ を地形の標高にたとえると、保存力 $-\nabla U(x,y)$ は斜面を「下る」向きを向いている。また、その場所におけるポテ

図 4.9 等高線と勾配の関係

ンシャルエネルギーの傾斜が大きいほど、保存力は大きな値をとる。

これは、すでに 4.2.2 項で述べたように、ポテンシャルエネルギーが物体の「居心地の悪さ」を表す量だと考えてみると納得がいく。もし自分が物体だとしたら、居心地の良い場所を求めて移動しようとするだろう。そのように仕向けるはたらきが保存力である。力は物体の運動を理解するための大事な考え方であるが、力のもとになっているポテンシャルエネルギーを理解したほうが、自然現象をより大局的、本質的にとらえることができる場合が多い。

4.2.8 力学的エネルギー保存の法則から運動方程式を導く

これまでは運動方程式をもとにして力学的エネルギー保存の法則を導いてきた。ここでは逆に、力学的エネルギー保存の法則から運動方程式を導くことができないか考えてみよう。力学的エネルギー保存の法則は、運動エネルギーとポテンシャルエネルギーの和が時間によらず一定であるということなので、

$$\frac{d}{dt}\left\{\frac{1}{2}m\vec{v}\cdot\vec{v} + U(\vec{r})\right\} = 0 \qquad (4.37)$$

と書くことができる。ここで合成関数の偏微分の式

$$\frac{d}{dt}U(x,y,z) = \frac{\partial U}{\partial x}\frac{dx}{dt} + \frac{\partial U}{\partial y}\frac{dy}{dt} + \frac{\partial U}{\partial z}\frac{dz}{dt} = \nabla U \cdot \vec{v} \qquad (4.38)$$

を用いて変形すると，式 (4.37) は

$$\left\{ m\frac{d\vec{v}}{dt} + \nabla U(\vec{r}) \right\} \cdot \vec{v} = 0$$

$$\therefore \quad \left\{ m\frac{d\vec{v}}{dt} - \vec{F} \right\} \cdot \vec{v} = 0 \tag{4.39}$$

となる。ここで $\vec{F}$ はポテンシャルエネルギーから導かれる保存力である。これが任意の $\vec{v}$ に対して成り立つためには，

$$m\frac{d\vec{v}}{dt} = \vec{F} \tag{4.40}$$

が成り立っていなければならない。これは運動方程式と一致する。

以上の結果は，「力学的エネルギー保存の法則のほうが基本的な法則で，運動方程式はそこから導かれる法則にすぎない」という立場も可能であることを意味する。

練習問題 4

4.1 図 4.10 のようにひも，定滑車，動滑車からなる道具がある。ひもの端を引っ張り，質量 m の物体をゆっくり h だけ上に持ち上げるのに必要な仕事を求めなさい。ただし，重力加速度の大きさを g とし，ひもと滑車の質量は無視できるものとする。

4.2 水平な床の上を直線運動する質量 m の物体がある。初速度を v_0 として，以下の問いに答えなさい。ただし，重力加速度の大きさを g とする。
　(a) 床と物体の間の動摩擦係数を μ_k とする。物体が静止するまでに動摩擦力がした仕事と，移動した距離を求めなさい。
　(b) 摩擦はなく，速度に比例した抵抗力 $-bv$ だけが物体にはたらいている場合，物体が静止するまでに抵抗力がする仕事を求めなさい。

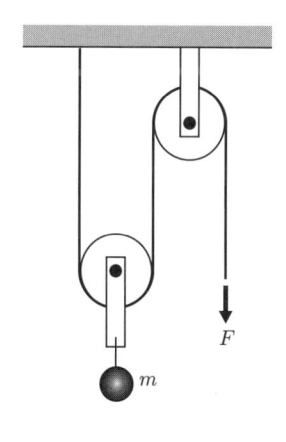

図 4.10　滑車を用いた仕事

4.3 質量 m の物体が，天井からつるされたばね定数 k のばねの下部にぶら下げられ，垂直方向に振動している。この振動の過程で力学的エネルギーが保存されることを示しなさい。ただし，鉛直上向きに z 座標をとり，物体をぶら下げない場合のばねの下部の位置を $z=0$ とする。

4.4 水平面となす角が θ の斜面を物体が加速しながら滑り降りている。動摩擦力がはたらいている場合に，力学的エネルギー保存の法則は成り立たないことを示しなさい。ただし，動摩擦係数を μ_k とする。

4.5 式 (4.35) を用いて，以下のポテンシャルエネルギーに関する保存力を導きなさい。
　(a) 重力のポテンシャルエネルギー　$U(x,y,z) = mgz$
　(b) 万有引力のポテンシャルエネルギー　$U(r) = -G\dfrac{Mm}{r}$ （ただし $r = \sqrt{x^2+y^2+z^2}$）

5

運動量と質点系

　速度と質量の積を運動量という。運動量は運動の勢いの目安で，力学における基本的な量の一つである。複数の物体が衝突する場合，衝突前と衝突後では全体の運動量は変化しない。これを運動量保存の法則という。互いに力をおよぼしあいながら運動している質点の集団を質点系という。質点に相互にはたらく力以外の外力が存在しない場合には，質点系全体の運動量は保存する。

5.1　運 動 量

質量 m の物体が速度 $\vec{v}$ で運動している場合，それらの積

$$\boxed{\vec{p} \equiv m\vec{v}} \tag{5.1}$$

を運動量という。運動量は向きをもつベクトル量であり，単位は kg·m/s である。

例題 5.1　質量 150 g の物体が速さ 10 m/s で運動している。運動量の大きさを求めなさい。

　［解答］　$0.15 \times 10 = 1.5$ kg·m/s　　　　　　　　　　　　　□

　次に，運動量と力の関係を考えてみよう。ニュートンの運動方程式は

$$m\frac{d\vec{v}}{dt} = F \tag{5.2}$$

と書ける。質量が時間によらずに一定ならば，これは

$$\frac{d\vec{p}}{dt} = \vec{F} \tag{5.3}$$

と書き直すことができる。つまり，力とは運動量を時間的に変化させるはたらきと考えてよい。

> **Memo**
>
> 運動量が大きいと，その運動を止めるのは困難である。東京・港区にある赤坂プリンスホテルの旧館は１９３０年に建築された建造物だが，工事のため，44 m 離れた場所への移築を余儀なくされた。その際，建物をとり壊すことなくそのまま移動させる「曳家 (ひきや)」という手法を利用した。これは建物をジャッキで持ち上げて地面との間に「ころ棒」を挿入して移動させる方法である。曳家の際の建物の移動速度は 1 mm/s であった。なぜそんなにゆっくり動かさなければならないかというと，不測の事態が生じたときに，いったん動き出した建物を止めるのが大変だからである。建物の質量はおよそ 5000 トンなので，移動中の運動量は
>
> $$5 \times 10^6 \times 10^{-3} = 5 \times 10^3 \text{ kg·m/s}$$
>
> と計算される。これは，バイクが時速 100 km で走っている場合の運動量とほぼ同じであるので，簡単に止められるものではないことがわかるだろう。

5.2 力　積

式 (5.3) の両辺に dt をかけて積分記号をつけると，

$$\int_{\vec{p}_0}^{\vec{p}_1} d\vec{p} = \int_{t_0}^{t_1} \vec{F}\, dt \tag{5.4}$$

となる。ただし，時刻 t_0, t_1 における運動量をそれぞれ $\vec{p}_0, \vec{p}_1$ とした。この積分を実際に計算すると，

$$\boxed{\vec{p}_1 - \vec{p}_0 = \int_{t_0}^{t_1} \vec{F}(t)\, dt} \tag{5.5}$$

と書くことができる。ここで右辺の積分を**力積**(りきせき)といい，N·s という単位で表す。式 (5.5) の意味をまとめると，

> **力積と運動量**
>
> 物体の運動量の変化は，加えられた力積に等しい。

となる。

例題 5.2　力積の単位が運動量の単位と等しいことを確かめなさい。

[解答]　[N·s] = [kg·m/s²·s] = [kg·m/s]　□

例題 5.3　速さ 10 m/s で右向きに運動している質量 3 kg の物体に，一定の力を 0.1 秒間加えると，物体は左向きに 5 m/s で運動するようになった。加えた力を求めなさい。

[解答]　右向きを正とすると，運動量の変化は，

$$3 \times (-5 - 10) = -45 \text{ kg·m/s}$$

である。これが力積に等しい。ここで力を F とすると，力積は $F \times 0.1$ であるので，$-45 = F \times 0.1$ となる。したがって，$F = -450$ N。よって加えた力は左向きで，その大きさは 450 N。　□

力積という考え方は，瞬間的に加わる力(**撃力**)の場合，たとえば，物体が壁に当たってはねかえるような場合に役に立つ．物体の運動量の変化がわかったとしても，時刻の関数としての力を完全に知ることは難しい．しかし，力積(図の面積に相当)は正確に求めることができる．

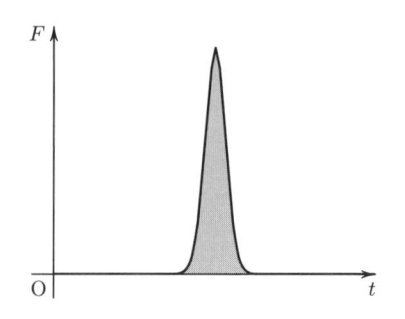

図 5.1 撃力の例．力は時刻の関数で，短い時間だけ値をもつ．アミかけ部の面積が力積を表す．

例題 5.4 生卵をコンクリートの上に落とすと割れるが，同じ高さからスポンジの上に落とすと割れない場合が多い．なぜこのような違いが生じるのかを考察せよ．

[解答] 運動量の変化はどちらの場合も同じなので，衝突の際にはコンクリートもスポンジも生卵に同じ力積を与える．コンクリートは硬くて変形しないので力をおよぼす時間が短いが，スポンジは変形するので力をおよぼす時間が長い．そのため，コンクリートのほうがはるかに強い力を与えることになり，卵は割れる． □

5.3 2物体の衝突と運動量保存の法則

独立に運動している物体がどうしが短時間の間だけ力をおよぼしあい，その後，再び独立に運動する過程を**衝突**という．たとえば，物体1と物体2の衝突を考えよう．衝突前の物体1, 2の運動量をそれぞれ $\vec{p}_{1i}, \vec{p}_{2i}$，衝突後の物体1, 2の運動量をそれぞれ $\vec{p}_{1f}, \vec{p}_{2f}$ とする．衝突により物体1が受けた力積を $\vec{J}$ とすると，物体2が受けた力積は作用・反作用の法則から $-\vec{J}$ と書くことができるので，

$$\begin{cases} \vec{p}_{1f} - \vec{p}_{1i} = \vec{J} \\ \vec{p}_{2f} - \vec{p}_{2i} = -\vec{J} \end{cases} \quad (5.6)$$

が成り立つ．$\vec{J}$ を消去すると，

$$\vec{p}_{1f} - \vec{p}_{1i} + \vec{p}_{2f} - \vec{p}_{2i} = 0 \quad (5.7)$$

すなわち

$$\boxed{\vec{p}_{1i} + \vec{p}_{2i} = \vec{p}_{1f} + \vec{p}_{2f}} \quad (5.8)$$

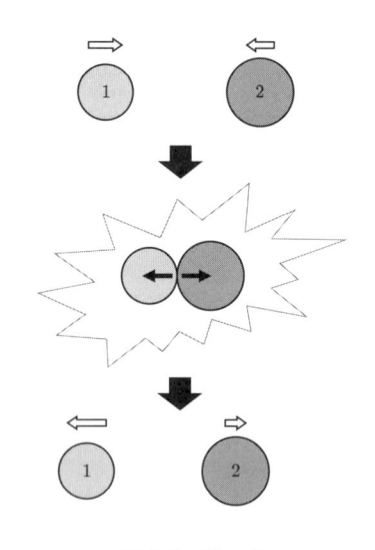

図 5.2 衝突

が成り立つ．2つの物体の運動量をたしたものを**全運動量**とよぶことにすると，(5.8)の左辺は衝突前の全運動量，右辺は衝突後の全運動量をそれぞれ表している．つまりこの

式は，衝突の前後で全運動量はまったく変化しないことを示す。これを**運動量保存の法則**という。この法則は，衝突のような瞬間的な現象に限らず，2物体が互いに力をおよぼしあい，それ以外の力がはたらいていない場合には常に成り立つ。

例題 5.5 質量 10 kg の物体 A が静止している。この物体に速さ 20 m/s で運動する質量 1 kg の物体 B をぶつけたところ，速さ 10 m/s で真後ろにはねかえってきた。衝突後の物体 A の速度を求めなさい。

[解答] 求める速度を v とする。運動量保存の法則により，
$$1 \times 20 + 10 \times 0 = 1 \times (-10) + 10v$$
となる。これを解いて，$v = 3$ m/s。 □

例題 5.6 なめらかな水平面を速度 $\vec{v}_i = (5, 0)$ m/s で運動する質量 4 kg の物体 A が，静止している質量 2 kg の物体 B に衝突した。衝突後，物体 A の速度は $\vec{v}_f = (3, 1)$ m/s に変化した。衝突後の物体 B の速度を求めなさい。

[解答] 衝突後の物体 B の速度を $\vec{v}_B$ とすると，運動量保存の法則より，
$$4(5, 0) + 2(0, 0) = 4(3, 1) + 2\vec{v}_B$$
となる。これを解くと，$\vec{v}_B = (4, -2)$ m/s となる。 □

質量 m の物体を速度 v で壁にぶつけたところ，速度 $-v$ ではねかえってきたとしよう。このとき，物体の運動量は衝突の前後で $-mv - mv = -2mv$ だけ変化しているので，壁に $2mv$ の力積を与えている。そのため，壁の質量を M とすると，最初静止していた壁は衝突後に速度

$$V = \frac{2mv}{M} \tag{5.9}$$

をみたす速度 V で運動するはずである。しかし，実際は衝突後も壁は静止しているようにみえる。その理由は，M が m と比べて非常に大きい（壁が地面に固定されているなら，M は地球の質量と考えてもよい）からである。そのため，壁との衝突を考える際には，壁はずっと静止していると考えてもさしつかえない。

5.4 反発係数

簡単のため，1次元の運動を考えてみよう。この場合，運動量保存の法則は

$$p_{1i} + p_{2i} = p_{1f} + p_{2f} \tag{5.10}$$

である。衝突前のそれぞれの物体の運動量 p_{1i}, p_{2i} がわかっている場合に，衝突後のそれぞれの物体の運動量 p_{1f}, p_{2f} を求める問題を考えてみよう。未知変数は2つあるので，式 (5.10) だけから p_{1f}, p_{2f} は決まらない。

たとえば，速度 v で運動する質量 m の物体 1 と，速度 $-v$ で運動する質量 m の物体 2 が衝突した後，

1) 物体1が速度 $-v$ で，物体2が速度 v で運動した．
2) 物体1が速度 $-\frac{1}{2}v$ で，物体2が速度 $\frac{1}{2}v$ で運動した．
3) 物体1，2はくっついたまま静止した．

という3つの場合を考えると，これらはいずれも運動量保存の法則をみたしている．それでは，これらはどのような場合に相当しているだろうか．たとえば，場合1ではビリヤードの球，場合2では木の球，場合3では粘土の球どうしの衝突を想像してみればよい．このように，衝突のようすは衝突する物体の材質で異なることがわかる．

これらの衝突を，「はねかえりやすさ」という観点で区別してみよう．その場合に，物体2から見た物体1の速度，すなわち**相対速度**という考え方を使うとわかりやすい．相対速度は，物体1の速度から物体2の速度を引くことにより求まり，この例では衝突前の相対速度は，$v - (-v) = 2v$ となる．つまり，物体2から見ると，物体1は速さ $2v$ で近づいてくるように見える．衝突後の相対速度をそれぞれの場合について求めると，場合1では $-v - v = -2v$，場合2では $-\frac{1}{2}v - \frac{1}{2}v = -v$，場合3では $0 - 0 = 0$ となる．すなわち，場合1では速さ $2v$，場合2では速さ v でそれぞれ遠ざかっているように見え，場合3では物体Bは静止しているように見える．ここで，**反発係数** e (はねかえり係数) を

$$e \equiv \frac{衝突後の相対速度の大きさ}{衝突前の相対速度の大きさ} \tag{5.11}$$

と定義する．これを用いると，場合1), 2), 3) はそれぞれ反発係数が1, 0.5, 0の場合に相当する．反発係数 e は，物体の材質などで決まる量で，通常 $0 \leq e \leq 1$ をみたす．

反発係数は物体が壁や床と衝突する場合にも定義できる．たとえば，物体が壁に垂直にぶつかり，はねかえる場合を考える．衝突前の物体の速度を v_i，衝突後の物体の速度を v_f とすると，壁と物体の反発係数は

$$e \equiv \frac{|v_\mathrm{f}|}{|v_\mathrm{i}|} \tag{5.12}$$

と定義される．たとえば，速度 20 m/s で運動していたボールが壁ではねかえった後，速度 -15 m/s で運動したとする．この場合の反発係数は $\frac{15}{20} = 0.75$ である．

5.5 壁に斜めに衝突する場合

物体が摩擦のない壁に斜めに衝突する場合は，速度のうち壁に平行な成分は衝突の前後では変化せず，壁に垂直な成分の大きさだけが反発係数に応じて変化する．物体の速度のうち壁に垂直な成分を，衝突前，衝突後それぞれについて $\vec{v}_{\perp \mathrm{i}}, \vec{v}_{\perp \mathrm{f}}$ と書くと，壁に斜めに衝突する場合の反発係数は

$$e \equiv \frac{|v_{\perp \mathrm{f}}|}{|v_{\perp \mathrm{i}}|} \tag{5.13}$$

と定義される．

例題 5.7 水平方向に x 軸，鉛直方向に y 軸をとる。$(0, h)$ の場所から初速度 $(v_0, 0)$ でボールを真横に投げた。n 回目にバウンドする時刻 t_n，位置の x 座標 x_n を計算しなさい。ただし，床は高さ 0 の位置にあるものとし，ボールと床の反発係数を e，重力加速度の大きさを g とする。

[解答] 最初の時刻を 0，n 回目にバウンドする時刻を t_n とすると，$h = \frac{1}{2}gt_1^2$ より $t_1 = \sqrt{\frac{2h}{g}}$ である。また，$x = v_0 t$ より，$x_1 = v_0 t_1 = v_0 \sqrt{\frac{2h}{g}}$ である。最初の衝突直前の速度の鉛直成分の大きさを v_y とすると，$v_y = \sqrt{2gh}$ であり，衝突直後は ev_y となる。1 回目と 2 回目の衝突の間の時間を Δt とすると，$0 = ev_y \Delta t - \frac{1}{2}g(\Delta t)^2$ より $\Delta t = \frac{2ev_y}{g} = 2e\sqrt{\frac{2h}{g}}$ である。同様の考え方により，$t_{n+1} - t_n = 2e^n \sqrt{\frac{2h}{g}}$ が成り立つので，

$$t_n = \left(1 + 2\sum_{k=1}^{n-1} e^k\right)\sqrt{\frac{2h}{g}} \quad (n \geq 2), \qquad x_n = v_0 t_n$$

となる。(注意：この問題では e は自然対数の底ではなく反発係数を表している。) □

5.6 弾性衝突と非弾性衝突

反発係数 e が 1 である衝突を (完全) 弾性衝突，$0 \leq e < 1$ の場合の衝突を非弾性衝突，$e = 0$ の場合の衝突を完全非弾性衝突とよぶ。

1 次元の衝突の場合は，反発係数が与えられると衝突後の物体の速度を完全に決めることができる。物体 1，物体 2 の質量をそれぞれ m_1, m_2，衝突前の速度をそれぞれ v_{1i}, v_{2i}，衝突後の速度をそれぞれ v_{1f}, v_{2f} とする。右向きを正とし，たとえば衝突前に物体 2 が物体 1 よりも右にあるとすると，$v_{1i} > v_{2i}$，$v_{1f} < v_{2f}$ がみたされる。運動量保存の法則より，

$$m_1 v_{1i} + m_2 v_{2i} = m_1 v_{1f} + m_2 v_{2f} \tag{5.14}$$

が成り立つ。さらに反発係数の定義より，

$$e = -\frac{v_{1f} - v_{2f}}{v_{1i} - v_{2i}} \tag{5.15}$$

となる。m_1, m_2, v_{1i}, v_{2i} がわかっているものとして，これらの式を v_{1f}, v_{2f} について解くと，

$$\left.\begin{aligned} v_{1f} &= \frac{1}{m_1 + m_2}\{(m_1 - m_2 e)v_{1i} + m_2(1+e)v_{2i}\} \\ v_{2f} &= \frac{1}{m_1 + m_2}\{m_1(1+e)v_{1i} + (m_2 - m_1 e)v_{2i}\} \end{aligned}\right\} \tag{5.16}$$

となる。

例題 5.8 2 つの物体の質量が同じであるとする。式 (5.16) を利用し，完全弾性衝突の場合，完全非弾性衝突の場合について，衝突後のそれぞれの物体の速度を求めなさい。

[解答] 完全弾性衝突の場合は，$m_1 = m_2$，$e = 1$ とおくと $v_{1f} = v_{2i}$，$v_{2f} = v_{1i}$ となり，衝突により 2 物体の速度が入れ替わる。完全非弾性衝突の場合，$e = 0$ とおくと $v_{1f} = \frac{v_{1i} + v_{2i}}{2}$，

$v_{2f} = \dfrac{v_{1i} + v_{2i}}{2}$ となり，衝突後にはいずれも衝突前の平均速度で運動する。 □

例題 5.9 例題 5.6 と同様，なめらかな水平面を速度 $\vec{v}_i = (5,0)$ で運動する質量 4 kg の物体 A が，静止している質量 2 kg の物体 B に衝突し，衝突後物体 A の速度が $\vec{v}_f = (3,1)$ に変化した場合を考える。この衝突の前後での運動エネルギーを計算し，エネルギー保存の法則が成り立っているかを調べなさい。

[解答] 衝突前の全体の運動エネルギーは $\frac{1}{2} \times 4 \times 5^2 + 0 = 50$ J，衝突後の全体の運動エネルギーは

$$\frac{1}{2} \times 4 \times (3^2 + 1^2) + \frac{1}{2} \times 2 \times (4^2 + 2^2) = 40 \text{ J}$$

である。したがって，エネルギーは保存していない。 □

一般に，弾性衝突では衝突の前後で力学的エネルギーは保存し，非弾性衝突の場合は衝突により力学的エネルギーは減少する。詳細は後に説明する。

5.7 分　裂

完全非弾性衝突は，2 つの物体が衝突した結果くっついて 1 つになる運動であった。反対に，もともと 1 つだった物体が爆発や破裂などにより複数に分裂する運動について考えてみよう。分裂の場合，もともと 1 つだった物体の 2 つの部分に互いに押し合う力が瞬時にはたらいた結果，2 つに分かれて飛んでいく。破片間にはたらく力どうしには作用・反作用の法則が成り立つので，分裂前と分裂後では全体の運動量は保存する。最初に静止していた物体がそれぞれ質量 m_1, m_2 の破片に分かれ，それぞれが速度 $\vec{v}_1, \vec{v}_2$ で飛んでいくならば，

$$0 = m_1 \vec{v}_1 + m_2 \vec{v}_2 \tag{5.17}$$

が成り立つ。運動エネルギーは分裂前は 0，分裂後は $\frac{1}{2}m_1 v_1^2 + \frac{1}{2}m_2 v_2^2$ となるので，物体を分裂させるには，その差に相当するエネルギーを与える必要がある。たとえば爆発の場合は，爆薬の化学エネルギーがその役割をはたす。

例題 5.10 図 5.3 のように，質量 m_1 の物体と質量 m_2 の物体がひもでつながれており，物体の間には，ばね定数 k のばねが自然長より x 縮んだ状態ではさみ込まれて静止している。ばねの端は物体と接しているだけで，固定されてはいない。ひもを切った後のそれぞれの物体の速度を求めなさい。なお，ばねの質量は無視できるものとする。

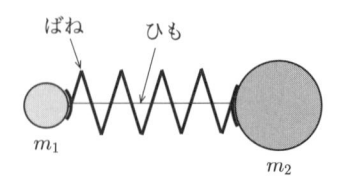

図 5.3　分裂のモデル

[解答] この場合，ばねにたくわえられた弾性エネルギーが 2 物体を分裂させる役割をはたす。運動量保存の法則より

$$0 = m_1 v_1 + m_2 v_2,$$

エネルギー保存の法則より,

$$\frac{1}{2}kx^2 = \frac{1}{2}m_1 v_1^2 + \frac{1}{2}m_2 v_2^2$$

が成り立つ。v_1 が正となるように座標軸をとると,

$$v_1 = \sqrt{\frac{km_2}{(m_1+m_2)m_1}}\,x, \quad v_2 = -\sqrt{\frac{km_1}{(m_1+m_2)m_2}}\,x$$

となる。 □

Memo

ホースで水まきをしているとき,水が噴出する反動として後ろ向きの力を感じる。その理由は運動量保存の法則で考えることができる。放水の際,ホースの先から単位時間当たりに放出される水の質量を μ, 速度を v とすると,運動量保存の法則により,人間は単位時間当たり大きさ μv の運動量を後向きに与えられる。これは μv の力を受けていることに等しい。もしこの力が重力よりも大きければ,空飛ぶ魔法のじゅうたんのようなものをつくることができる。「ホバーボード」として知られる遊具は,人間が立つことができるボードにホースがつながっていて,水が下向きに勢いよく噴出するようになっている。水の勢いを調節することにより,まるで空中をサーフィンしているような状態を味わうことができる。

5.8 重心運動と相対運動の分離

それぞれ質量が m_1, m_2 の物体があるとする。物体には互いにおよぼしあう力 (**内力**) のみがはたらいており,2つの物体以外からの力 (**外力**) ははたらいていないものとする。作用・反作用の法則を考慮して,それぞれの物体の運動方程式を書くと,

$$m_1 \frac{d^2}{dt^2}\vec{r}_1 = \vec{F}(\vec{r}_1 - \vec{r}_2) \tag{5.18}$$

$$m_2 \frac{d^2}{dt^2}\vec{r}_2 = -\vec{F}(\vec{r}_1 - \vec{r}_2) \tag{5.19}$$

となる。ただし,およぼしあう力は,2物体の相対的な位置 $\vec{r}_1 - \vec{r}_2$ のみに依存するとした。これらの式をたすと,

$$\frac{d^2}{dt^2}(m_1 \vec{r}_1 + m_2 \vec{r}_2) = 0 \tag{5.20}$$

となる。これを,それぞれの物体の速度 $\vec{v}_1, \vec{v}_2$ を用いて書きなおすと,

$$\frac{d}{dt}(m_1 \vec{v}_1 + m_2 \vec{v}_2) = 0 \tag{5.21}$$

となる。この式は全体の運動量 $m_1 \vec{v}_1 + m_2 \vec{v}_2$ が時刻によらず一定であることを意味し,運動量保存の法則を表す。ここで,2物体の**重心**を

$$\boxed{\vec{R} = \frac{m_1 \vec{r}_1 + m_2 \vec{r}_2}{m_1 + m_2}} \tag{5.22}$$

と定義する。後にふれるように,重心は,2物体を軽い棒で結んでシーソーを作った場

合，ちょうどシーソーがつりあう支点の位置に相当する。もし2物体の質量が等しければちょうど中間の位置になるし，そうでなければ質量の大きい物体に近い位置になる。

式 (5.18) と式 (5.19) をたすと，**重心運動の運動方程式**

$$M\frac{d^2}{dt^2}\vec{R} = 0 \quad (5.23)$$

が得られる。ここで，2物体の質量の和を M とした。この式から外力がない場合，重心は等速直線運動することがわかる。次に，式 (5.18) を m_1 で割ったものから式 (5.19) を m_2 で割ったものを引くと，

$$\frac{d^2}{dt^2}(\vec{r}_1 - \vec{r}_2) = \left(\frac{1}{m_1} + \frac{1}{m_2}\right)\vec{F}(\vec{r}_1 - \vec{r}_2) \quad (5.24)$$

が得られる。物体2から見た物体1の位置 $\vec{r}_1 - \vec{r}_2$ を**相対座標**とよび，$\vec{r}$ で表すことにすると，式 (5.24) から**相対運動の運動方程式**

$$\mu\frac{d^2}{dt^2}\vec{r} = \vec{F}(\vec{r}) \quad (5.25)$$

が得られる。ただし

$$\mu = \frac{m_1 m_2}{m_1 + m_2} \quad (5.26)$$

と定義した。μ は質量の単位をもち，**換算質量**とよばれる。以上のように外力がはたらいていない2つの物体の運動は，重心座標と相対座標に分けることにより，簡単に解くことができる。

例題 5.11 図 5.4 のように，質量 m の物体 A と質量 $2m$ の物体 B がばね定数 k のばねで結ばれている。ばねおよび物体は x 軸方向にのみ動くものとする。最初に物体 A は $x = 0$ に，物体 B は $x = a$ に静止していた (a はばねの自然長とする)。

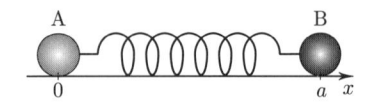

図 5.4 ばねで結ばれた物体

時刻 $t = 0$ で物体 A のみに撃力を加えて速度 v を与えた。その後の運動を考察しなさい。物体にはばねの弾性力以外の力ははたらいていないものとする。

[解答] この問題では重心運動と相対運動をそれぞれ考えればよい。物体 A，物体 B の位置をそれぞれ x_A, x_B とおくと，重心の位置は

$$X = \frac{mx_A + 2mx_B}{m + 2m} = \frac{x_A + 2x_B}{3}$$

で与えられる。全体の質量を $M (= 3m)$，重心の速度を V とすると，外力がない場合の重心の運動量は保存されるので，$MV = $ 一定 である。撃力を加えた直後の全体の運動量は mv なので，$MV = mv$，よって $V = \frac{1}{3}v$ と求まる。$t = 0$ での重心の位置が $\frac{2a}{3}$ であることを用いると，重心座標は $X = \frac{2a + vt}{3}$ となる。一方，相対座標を $x (= x_B - x_A)$ とおき，換算質量が $\mu = \frac{2m^2}{m + 2m} = \frac{2}{3}m$ であることを利用すると，相対座標の運動方程式は

$$\frac{2}{3}m\ddot{x} = -k(x-a)$$

である。この方程式の一般解は $x = A\sin(\omega t + \alpha) + a$ である。ただし、$\omega = \sqrt{\dfrac{3k}{2m}}$ とした。$t=0$ で $x=a, \dot{x}=-v$ であることを利用すると $x = -\dfrac{v}{\omega}\sin\omega t + a$ となる。あとは、x, X をもとの変数 x_A, x_B にもどせば、それぞれの物体の位置を時刻の関数として

$$\left. \begin{array}{l} x_A = \dfrac{1}{3}vt + \dfrac{2v}{3\omega}\sin\omega t \\[2mm] x_B = \dfrac{1}{3}vt - \dfrac{v}{3\omega}\sin\omega t + a \end{array} \right\}$$

のように表すことができる。これは、ばねが角振動数 ω で伸び縮みしながら重心が等速直線運動する状態を表している。

□

5.9 重心運動と相対運動のエネルギー

質量がそれぞれ m_1, m_2 の物体1と物体2があり、それぞれの位置を $\vec{r}_1, \vec{r}_2$、速度を $\vec{v}_1, \vec{v}_2$ とする。このときの全体の運動エネルギーについて考察してみよう。全体の質量を M とすると、重心運動の運動エネルギー、すなわち全質量が重心に集中していると考えた場合の運動エネルギーは

$$\frac{1}{2}M|\vec{V}|^2 = \frac{1}{2(m_1+m_2)}\left\{m_1^2|\vec{v}_1|^2 + m_2^2|\vec{v}_2|^2 + 2m_1m_2\vec{v}_1\cdot\vec{v}_2\right\} \tag{5.27}$$

となる。これを全体の運動エネルギーから引くと、

$$\frac{1}{2}m_1|\vec{v}_1|^2 + \frac{1}{2}m_2|\vec{v}_2|^2 - \frac{1}{2}M|\vec{V}|^2 = \frac{m_1m_2}{2(m_1+m_2)}\left(|\vec{v}_1|^2 + |\vec{v}_2|^2 - 2\vec{v}_1\cdot\vec{v}_2\right)$$

$$= \frac{1}{2}\mu|\vec{v}_1 - \vec{v}_2|^2 \tag{5.28}$$

となる。ここで、μ は式 (5.26) で定義された換算質量、$\vec{v}_1 - \vec{v}_2$ は物体2から見た物体1の相対速度である。以上より、全体のエネルギーは

$$\frac{1}{2}m_1|\vec{v}_1|^2 + \frac{1}{2}m_2|\vec{v}_2|^2 = \frac{1}{2}M|\vec{V}|^2 + \frac{1}{2}\mu|\vec{v}_1 - \vec{v}_2|^2 \tag{5.29}$$

となる。右辺の第1項と第2項は、それぞれ重心運動と相対運動の運動エネルギーと解釈できる。

これを利用して、衝突前後でのエネルギーの変化を調べてみよう。衝突前の2つの物体の速度をそれぞれ $\vec{v}_{1i}, \vec{v}_{2i}$、衝突後の速度をそれぞれ $\vec{v}_{1f}, \vec{v}_{2f}$ とする。衝突では運動量が保存し、重心の速度は変わらないので、衝突前の運動エネルギーは

$$\frac{1}{2}M|\vec{V}|^2 + \frac{1}{2}\mu|\vec{v}_{1i} - \vec{v}_{2i}|^2 \tag{5.30}$$

となり、衝突後の運動エネルギーは

$$\frac{1}{2}M|\vec{V}|^2 + \frac{1}{2}\mu|\vec{v}_{1f} - \vec{v}_{2f}|^2 \tag{5.31}$$

と書くことができる。もし衝突が完全弾性衝突ならば $e=1$ なので、

$$|\vec{v}_{1i} - \vec{v}_{2i}| = |\vec{v}_{1f} - \vec{v}_{2f}| \tag{5.32}$$

となり，衝突前後で運動エネルギーは変化しない。つまり，完全弾性衝突では力学的エネルギー保存の法則が成り立つ。一方，非弾性衝突 ($0 \leq e < 1$) の場合は，衝突後のエネルギーは必ず衝突前と比べて小さくなり，力学的エネルギーは保存しない。失われたエネルギーは物体を変形させる仕事に使われたり，熱エネルギーに変わったりする。

式 (5.29) は，分裂の場合にも用いることができる。分裂後は分裂前と比べてエネルギーが $\frac{1}{2}\mu|\vec{v}_1 - \vec{v}_2|^2$ だけ増加する。このエネルギーがどこからか供給されなくてはならない。

例題 5.12 なめらかな水平面を速度 $\vec{v}_i = (5, 0)$ m/s で運動する質量 4 kg の物体 A が静止している質量 2 kg の物体 B に衝突し，衝突後物体 A の速度が $\vec{v}_f = (3, 1)$ m/s に変化した場合を考える。この衝突の前後での運動エネルギーの変化を式 (5.29) を用いて求めなさい。

[解答] 衝突の前後で重心の速度は変化しないので，エネルギーに影響を与えるのは相対運動の部分だけである。換算質量を計算すると，

$$\mu = \frac{2 \times 4}{2 + 4} = \frac{4}{3} \text{ kg}$$

である。衝突前後での相対速度の大きさは，例題 5.9 よりそれぞれ 5 m/s, $\sqrt{10}$ m/s と計算されるので，エネルギーの減少分は $\frac{1}{2} \times \frac{4}{3} \times (5^2 - 10) = 10$ J となる。 □

Memo

「ニュートンのゆりかご」というおもちゃがある。このおもちゃでは，同じ質量の金属球 5 つが互いに接しながら一列に並んでつり下げられている。端の 1 つの球を持ち上げてから手を離すと，その球がもとの位置にもどった直後に，反対側の端から球 1 つが飛び出していく。
2 つの球を同時に持ち上げて，残りの 3 つの球にぶつけると，真ん中の球のみが静止したままで，反対側の 2 つの球が飛び出していく。このようすを観察すると，衝突の前後で，運動量とエネルギーが保存していることがわかる。

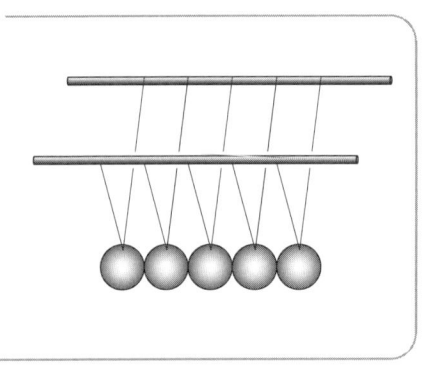

例題 5.13 図 5.5 のように，質量 m の小球が 3 つ，互いにわずかに距離をあけて一列に静止している。左側から質量 m の小球が 2 つ，わずかに距離をあけながら同じ速度 v で運動し，静止していた小球の列にまっすぐに衝突した。その後の運動の様子を述べなさい。ただし，衝突はすべて弾性衝突とする。

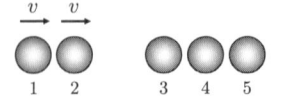

図 5.5 玉突き衝突

[解答] 小球に左から 1 から 5 まで番号をつけることにする。まず速度 v の小球 2 が静止している小球 3 に衝突すると，小球 2 は静止し，小球 3 は速度 v で運動する (例題 5.8)。その後, 小球

3 は小球 4 に，小球 4 は小球 5 に玉突き的に衝突し，小球 5 が速度 v で飛び出す。一方，小球 1 は静止した直後の小球 2 に衝突する。その後，小球 2 は小球 3 に，小球 3 は小球 4 に玉突き的に衝突し，小球 4 が速度 v で小球 5 の後を追うように飛び出していく。以上のように，ニュートンのゆりかごの原理を説明することができた。 □

5.10 質点系

以上の考えを多数の質点の集団 (**質点系**) に拡張してみよう。質点の数を n 個とし，j 番目の質点の質量を m_j，位置を $\vec{r}_j$ とする。k 番目の質点が j 番目の質点におよぼす内力を $\vec{f}_{jk}$，j 番目の質点にはたらく外力を $\vec{F}_j$ と書くことにすると，j 番目の質点の運動方程式は

$$m_j \ddot{\vec{r}}_j = \sum_{k=1}^{n} \vec{f}_{jk} + \vec{F}_j \tag{5.33}$$

となる。ただし，自分自身が力をおよぼすことはないので $\vec{f}_{jj} = 0$ である。式 (5.33) を j についてたすと，

$$\sum_{j=1}^{n} m_j \ddot{\vec{r}}_j = \sum_{j=1}^{n} \sum_{k=1}^{n} \vec{f}_{jk} + \sum_{j=1}^{n} \vec{F}_j \tag{5.34}$$

となる。ここで，作用・反作用の法則 $\vec{f}_{jk} = -\vec{f}_{kj}$ を用いると，右辺第 1 項は打ち消しあって 0 になる。その結果，以下のように定義した $\vec{R}$

$$\boxed{\vec{R} = \frac{1}{M} \sum_{j=1}^{n} m_j \vec{r}_j} \tag{5.35}$$

に対して

$$\boxed{M \ddot{\vec{R}} = \vec{F}} \tag{5.36}$$

が成り立つ。ここで，

$$M = \sum_{j=1}^{n} m_j \tag{5.37}$$

は質点系全体の質量，

$$\vec{F} = \sum_{j=1}^{n} \vec{F}_j \tag{5.38}$$

は質点系にはたらくすべての外力の合力である。2 つの質点に関する式 (5.22) を多数の質点に拡張したものが式 (5.35) なので，$\vec{R}$ は質点系の重心を意味する。式 (5.36) は重心運動に関する運動方程式と考えることができる。特別な場合として外力がはたらいていない場合には，質点系の重心は等速直線運動する。

例題 5.14 外力として重力がはたらいている場合，質点系の重心はどのような運動をするか考察しなさい。

[解答] 外力として重力を考えると，重力加速度を $\vec{g}$ とすれば，$\vec{F}_j = m_j \vec{g}$ である。これを式 (5.36) に代入すると，

$$M\ddot{\vec{R}} = M\vec{g}$$

となり，重心は加速度 $\vec{g}$ で等加速度運動をすることがわかる。たとえば，鉛筆を放り投げると複雑な運動をしながら飛んでいくが，重心は単純な放物線を描いている。 □

非常に多数の微小な質点からなる系では，事実上質量が連続的に分布していると考えてよい。このような物体を**連続体**という。微小な体積 dV 当たりの微小な質量を dM と書くことにすると，これらは比例関係にあり，

$$dM = \rho\, dV \tag{5.39}$$

と表すことができる。この比例係数 ρ を**密度**という。一般には密度は場所の関数なので，$\rho(\vec{r})$ と書くべきである。その場合，物体全体の質量 M は，体積積分を用いて

$$M = \iiint \rho(\vec{r})\, dV \tag{5.40}$$

と計算される。(体積積分については付録 A.3 を参照。)

式 (5.35) の和を積分に置き換えると，連続体の重心は

$$\vec{R} = \frac{1}{M} \iiint \vec{r} \rho(\vec{r})\, dV \tag{5.41}$$

と表される。

練習問題 5

5.1 高さ h から初速度 0 でボールを真下に落下させた。ボールは高さ 0 の床ではねかえり，再び上昇した。衝突後のボールの高さの最大値を求めなさい。ただし，床とボールの間の反発係数を e とし，空気抵抗はないものとする。

5.2 水平面に敷かれたまっすぐなレールの上を直線的に移動できる台車があり，人が乗っている。この台車から質量 m のボールを水平に投げたところ，ボールは速さ v で飛んでいき，最初に静止していた台車が速さ V で運動するようになった。台車と人の質量の和を M として，V を求めなさい。ただし，摩擦や空気抵抗はないものとする。

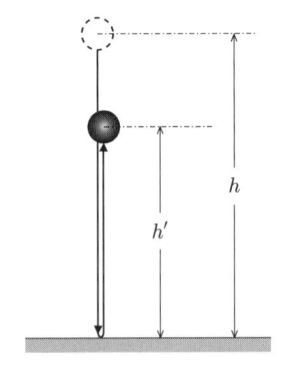

図 5.6 床ではねかえるボール

練習問題 5

5.3 図 5.7 のように，質量 M の的がひもにぶら下げられ，ひもの反対側の端は天井に固定されている。この的に水平に飛んできた質量 m のボールが速さ v で垂直にぶつかると，的は振動をはじめた。以下の場合について，的の高さの最大値を求めなさい。ただし，最初の的の高さを 0 とする。また，ボールの速さはそれほど速くなく，ひもと鉛直面のなす角が 90° を超えない場合のみを考えることにする。

(a) 的とボールが完全弾性衝突の場合

(b) 的とボールが完全非弾性衝突の場合 (衝突後，ボールは的にくっつくものとする)

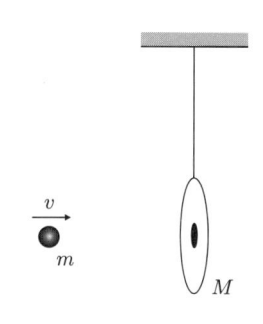

図 5.7　つるされた的とボール

5.4 複数の質点系がある。これら全体を 1 つの質点系とみなした場合の重心は，それぞれの質点系の重心にそれぞれの質点系の質量が集中していると考えて計算できることを示しなさい。

5.5 図 5.8 のように，ある円の一部を半分の直径の円でくりぬいた板がある。この物体の重心の位置を求めなさい。なお，小さな円は大きな円に内接し，板の密度は一様とする。

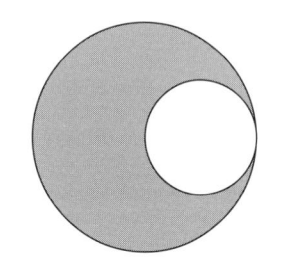

図 5.8

6

回転運動と剛体

　コマ，シーソー，フィギュアスケートのスピンなどに共通するのは回転運動である。この章では，ある一つの回転軸のまわりの回転について，回転を起こす原因や回転運動のもつさまざまな性質について学習する。特に，大きさをもつが形が変わらない物体 (剛体) の回転運動を中心に扱う。

6.1　力のモーメント

　図 6.1 のように，棒の端に大きめの穴をあけて釘を通す。この棒を釘を支点として回転させるにはどうすればよいだろうか。支点から r 離れた場所に大きさ F の力を加える場合，もっとも棒を回転させるはたらきが強いのは力の向きと棒の向きが垂直な場合である。もし棒の向きと力の向きのなす角が θ ならば，棒に垂直な方向の分力 (大きさ $|F\sin\theta|$) だけが回転に寄与する。力の向きと大きさは変えずに r を小さくしていくと，回転させるはたらきは弱くなっていき，r が 0 になると，ついには消える。このことから，回転させるはたらきは r に比例すると考えてよいだろう。以上のことから，回転させるはたらきを

$$rF\sin\theta \tag{6.1}$$

と定義しよう。これを力のモーメントあるいはトルクとよび，N·m という単位で表す。

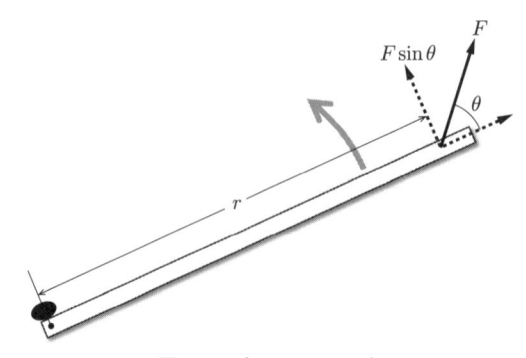

図 6.1　力のモーメント

力のモーメントは，ベクトルの外積を用いると簡潔に表すことができる。力を $\vec{F}$，支点から力を加える場所へ至るベクトルを $\vec{r}$ と書くと，力のモーメントは

$$\boxed{\vec{N} \equiv \vec{r} \times \vec{F}} \tag{6.2}$$

というベクトルとして定義される。$\vec{N}$ は回転軸と平行で，回転させようとする向きにねじを回したときにねじが進む向きを向く。このような関係は**右ねじの法則**とよばれている。もし力のモーメントの向きが手前から奥であれば，物体を時計回りに回転させるはたらき，奥から手前であれば，反時計回りに回転させるはたらきを表す。

6.2 角運動量

力 $\vec{F}$ がはたらいている質量 m の物体の運動方程式は

$$m\frac{d}{dt}\vec{v} = \vec{F} \tag{6.3}$$

と書ける。この式の両辺に，左から位置ベクトル $\vec{r}$ を外積の形でかけると，

$$m\vec{r} \times \frac{d}{dt}\vec{v} = \vec{r} \times \vec{F} \tag{6.4}$$

となる。外積の定義から $\vec{v} \times \vec{v} = 0$ なので (付録 A.1 参照)，式 (6.4) の左辺は

$$m\vec{r} \times \frac{d}{dt}\vec{v} + m\vec{v} \times \vec{v} = m\vec{r} \times \frac{d}{dt}\vec{v} + m\frac{d}{dt}\vec{r} \times \vec{v}$$
$$= m\frac{d}{dt}(\vec{r} \times \vec{v})$$
$$= \frac{d}{dt}(\vec{r} \times \vec{p}) \tag{6.5}$$

と書きなおしてもよい。ここで

$$\boxed{\vec{L} \equiv \vec{r} \times \vec{p}} \tag{6.6}$$

を**角運動量**という。$\vec{L}$ は，物体が原点のまわりでどれだけ激しく回転運動しているかを表す量であり，kg·m^2/s という単位で表す。角運動量ベクトルの向きは右ねじの法則にしたがい，たとえば，時計回りに回転している物体の角運動量の向きは手前から奥の向きになる。

角運動量 $\vec{L}$，力のモーメント $\vec{N}$ を用いて式 (6.4) を書き直すと，

$$\boxed{\frac{d}{dt}\vec{L} = \vec{N}} \tag{6.7}$$

となる。この式から，物体に力のモーメントを加えると角運動量が変化する，つまり回転が引き起こされることが明確になった。

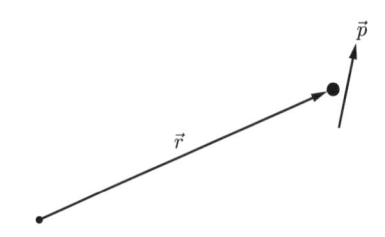

図 6.2 角運動量は $\vec{r} \times \vec{p}$ で定義される。この例では，物体は原点を中心に反時計回りに回転しているので，角運動量は紙面の裏から表の向きを向く。

例題 6.1 質量 m の質点が半径 r の円周上を角速度 ω で回転している。角運動量の大きさを計算しなさい。

[解答] 物体の速度の大きさは $v = r\omega$ である。速度と半径は互いに垂直なので，角運動量の大きさは $r \times mv = mr^2\omega$ となる。 □

力のモーメントや角運動量は，どの位置を中心として考えるかによって値が変わってくる。たとえば原点ではなく，位置 $\vec{R}$ を中心とした力のモーメントは

$$(\vec{r} - \vec{R}) \times \vec{F} \tag{6.8}$$

となり，角運動量は

$$(\vec{r} - \vec{R}) \times \vec{p} \tag{6.9}$$

と表される。

複数の質点からなる質点系の角運動量は，それぞれの質点の角運動量をたしたものになる。つまり，位置 $\vec{r}_j$ に質量 m_j の質点がある (ただし，$j = 1, \cdots, n$) 場合，質点系全体の角運動量は，

$$\vec{L} = \sum_{j=1}^{n} m_j (\vec{r}_j \times \dot{\vec{r}}_j) \tag{6.10}$$

となる。

6.3 剛体

これまで扱ってきた物体のほとんどは，大きさが無視できる質点だった。しかし，実際の物体は大きさをもち，力を加えると，並進運動や回転，変形などが起こる。ここでは力を加えても変形せずに形が保たれる物体のみを考える。そのような物体を**剛体**とよぶ。

剛体とは，多くの質点が軽くて硬い棒で互いに結合されている質点系と考えることができる。質

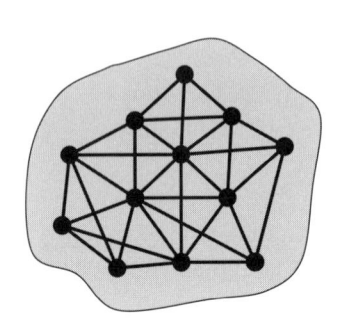

図 6.3 剛体のモデル

6.3 剛体

点の数を n，それぞれの質点の質量を m_j，位置を $\vec{r}_j$ とすると，剛体の運動方程式は式 (5.33) と同様に，

$$m_j \ddot{\vec{r}}_j = \sum_{k=1}^{n} \vec{f}_{jk} + \vec{F}_j \tag{6.11}$$

と書くことができる。ここで $\vec{F}_j$ は j 番目の質点に加えられた外力，$\vec{f}_{jk}$ は k 番目の質点が j 番目の質点におよぼす内力である。剛体の場合は質点どうしを結びつけている棒がこの力を与え，質点どうしの距離を一定に保つはたらきをする。これらの式から重心運動の方程式

$$\boxed{M\ddot{\vec{R}} = \vec{F}} \tag{6.12}$$

が得られることはすでに 5.10 節で述べた。

次に，剛体の回転に関する運動方程式を導いてみよう。重心 $\vec{R}$ を回転の中心として角運動量を計算すると，

$$\vec{L} = \sum_{j=1}^{n} \left\{ m_j (\vec{r}_j - \vec{R}) \times (\dot{\vec{r}}_j - \dot{\vec{R}}) \right\} \tag{6.13}$$

となる。これを時刻で微分すると，

$$\frac{d}{dt}\vec{L} = \sum_{j=1}^{n} \left\{ m_j (\dot{\vec{r}}_j - \dot{\vec{R}}) \times (\dot{\vec{r}}_j - \dot{\vec{R}}) \right\} + \sum_{j=1}^{n} \left\{ m_j (\vec{r}_j - \vec{R}) \times (\ddot{\vec{r}}_j - \ddot{\vec{R}}) \right\}$$
$$= \sum_{j=1}^{n} \left\{ m_j (\vec{r}_j - \vec{R}) \times \ddot{\vec{r}}_j \right\} \tag{6.14}$$

となる。ここで 1 行目から 2 行目への変形には，自分自身との外積は常に 0 であることと，重心の定義から

$$\sum_{j=1}^{n} m_j \vec{r}_j = \left(\sum_{j=1}^{n} m_j \right) \vec{R} \tag{6.15}$$

であることを用いた。式 (6.14) に運動方程式 (6.11) を代入すると，

$$\frac{d}{dt}\vec{L} = \sum_{j=1}^{n} \sum_{k=1}^{n} \left\{ (\vec{r}_j - \vec{R}) \times \vec{f}_{jk} \right\} + \sum_{j=1}^{n} \left\{ (\vec{r}_j - \vec{R}) \times \vec{F}_j \right\} \tag{6.16}$$

となる。この式の右辺第 1 項についてさらに計算してみよう。j と k はいずれも 1 から n まで和をとるが，$j = k$ の場合は $\vec{f}_{jk} = 0$ である (5.10 節参照)。和を $j > k$ の場合と $j < k$ の場合に分けてとると

$$\sum_{j>k} \left\{ (\vec{r}_j - \vec{R}) \times \vec{f}_{jk} \right\} + \sum_{j<k} \left\{ (\vec{r}_j - \vec{R}) \times \vec{f}_{jk} \right\} \tag{6.17}$$

となる。ここで，第 2 項の和の変数の名前を j の代わりに k と，k の代わりに j とつけなおして式を書くと，

$$\sum_{j>k} \left\{ (\vec{r}_j - \vec{R}) \times \vec{f}_{jk} \right\} + \sum_{k<j} \left\{ (\vec{r}_k - \vec{R}) \times \vec{f}_{kj} \right\} \tag{6.18}$$

となる．作用・反作用の法則 $\vec{f}_{kj} = -\vec{f}_{jk}$ も利用してこの式をまとめると，

$$\sum_{j>k} \left\{ (\vec{r}_j - \vec{r}_k) \times \vec{f}_{jk} \right\} \tag{6.19}$$

となる．ここで，剛体の場合，2つの質点がおよぼしあう力の向きは必ず棒の向きに平行なので，この外積はすべて0になる．以上により，式 (6.16) の第1項が0になることがわかった．また，式 (6.16) の第2項は重心を中心とした外力による力のモーメントの総和なので，これを $\vec{N}$ と書くことにすると，式 (6.16) は

$$\boxed{\frac{d}{dt}\vec{L} = \vec{N}} \tag{6.20}$$

となる．これは質点に関する式 (6.7) と同じ形をしているが，ここでの $\vec{L}$ は剛体全体の角運動量，$\vec{N}$ は外力による力のモーメントの総和という意味をもっている．もし剛体にはたらく外力が力のモーメントを発生させないならば，角運動量は時間によらずに一定となる．これを**角運動量保存の法則**という．

例題 6.2 剛体にかかっている重力は，重心のまわりに力のモーメントを発生させないことを示しなさい．

[解答] 重力加速度を $\vec{g}$ とすると，全体の力のモーメントは

$$\sum_{j=1}^{n} \left\{ (\vec{r}_j - \vec{R}) \times m_j \vec{g} \right\}$$

となる．式 (6.15) より，これが 0 になることは明らかである．これは，重心を支点として剛体を固定すると，剛体をどの向きに向けても静止し続けることができることを意味する．また，剛体を放り投げると，その重心は放物運動し，重心のまわりの角運動量は保存される．□

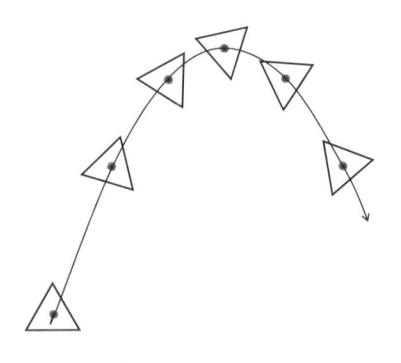

図 6.4 剛体の放物運動

6.4 剛体におけるつりあいの条件

剛体に外力がはたらいている状況を図示する場合は，力のモーメントも正確に表現しなくてはならない．力がかかっている点を**作用点**，力の方向に作用点を延長した直線を**作用線**という．作用点を作用線上の別の点にずらして描いても力のモーメントは変わらないが，それ以外の点にずらすと変わってしまうので注意が必要である．

剛体が静止し続ける条件は何であろうか．たとえば，剛体の別の場所に，大きさが等しく正反対

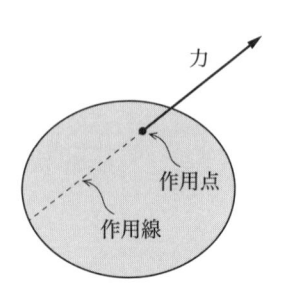

図 6.5 力の作用点と作用線

の向きの力がかかっていたとする。この場合，合力は 0 なので力のつりあいはみたされている。しかし，2 つの力の作用線が一致していないなら，合成された力のモーメントが 0 ではないので，剛体は回転しようとするだろう。そこで剛体が静止し続けるためには

剛体に対するつりあいの条件

- 剛体にはたらくすべての力の合力が 0 であること。
- 剛体の重心のまわりの力のモーメントの総和が 0 であること。

という条件がみたされている必要がある。

6.5 力のモーメントの中心の位置の移動と偶力

点 $\vec{R}$ を中心とした力のモーメントを $\vec{N}$ とする。一方，原点を中心とした力のモーメントを $\vec{N}_0$ とすると，

$$\begin{aligned}
\vec{N}_0 &= \sum_{j=1}^{n}(\vec{r}_j \times \vec{F}_j) \\
&= \sum_{j=1}^{n}\left\{(\vec{r}_j - \vec{R}) \times \vec{F}_j\right\} + \vec{R} \times \sum_{j=1}^{n}\vec{F}_j \\
&= \vec{N} + \vec{R} \times \vec{F}
\end{aligned} \tag{6.21}$$

という関係が成り立つ。ここで，$\sum_{j=1}^{n}\vec{F}_j = \vec{F}$ とした。この関係から，原点のまわりの力のモーメントは，点 $\vec{R}$ のまわりの力のモーメントに，仮に合力がすべて点 $\vec{R}$ にかかっていると考えた場合の原点のまわりの力のモーメントを加えたものであることがわかる。

もし，剛体にはたらく力の合力 $\vec{F}$ が 0 なのに力のモーメント $\vec{N}$ が 0 でないなら，力は重心を加速させることはなく，純粋に回転を起こそうとするはたらきだけをもつ。このような力を**偶力**という。偶力の場合，式 (6.21) の第 2 項は 0 なので，力のモーメントはどの点を中心として考えても常に同じになる。このことから，剛体に対するつりあいの条件を考える際，もし 1 番目の条件がみたされているなら，2 番目の条件は「任意の場所のまわりの力のモーメントの総和が 0 であること」といいかえてもよい。

例題 6.3 力のモーメントのつりあいの考え方は，さまざまな形の物体に応用できる。図 6.6 のような天秤を考えてみよう。棒の質量は無視でき，水平方向を向いているとする。支点から左側に距離 l_1 離れた場所に質量 m_1 の物体をつるし，支点から右側に距離 l_2 離れた場所に質量 m_2 の物体をつるしたとき，天秤がつりあうための条件，つまり棒が水平方向を向いたまま回転しないための条件を求めなさい。

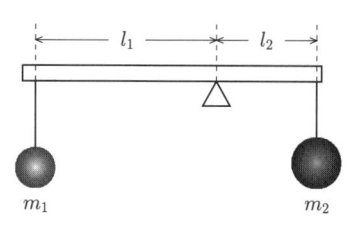

図 6.6 天秤のつりあい

[解答] 重力加速度の大きさを g とすると，左側の物体が棒を反時計回りに回そうとする力のモーメントの大きさは $l_1 m_1 g$，右側の物体が棒を時計回りに回そうとする力のモーメントの大きさは $l_2 m_2 g$ である．これらがつりあうための条件は $l_1 m_1 g = l_2 m_2 g$，すなわち $l_1 m_1 = l_2 m_2$ である．これは，天秤のつりあいの条件として知られている式である． □

例題 6.4 図のように，質量 m の一様 (密度が一定) な棒が壁に立てかけてある．壁と棒の間には摩擦はないものとし，床と棒の間の静止摩擦係数を μ とする．このとき，棒が静止し続けるためには棒と床のなす角度 θ がどのような条件をみたしていなければならないか，考察しなさい．

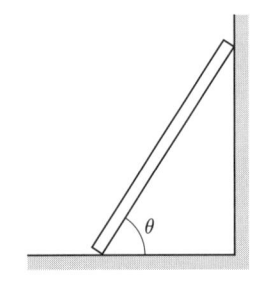

[解答] 棒にはたらく力は，重力 (大きさ mg)，壁からの垂直抗力 (大きさ N_1)，床からの垂直抗力 (大きさ N_2)，床からの静止摩擦力 (大きさ f) である．力のつりあいから

$$\begin{cases} f - N_1 = 0 \\ N_2 - mg = 0 \end{cases}$$

が成り立つ．さらに，重心のまわりの力のモーメントのつりあいから

$$N_1 l \sin\theta + f l \sin\theta - N_2 l \cos\theta = 0$$

となる (ただし，棒の長さを $2l$ とした)．これらの式を用いて N_1 および N_2 を消去すると，$\dfrac{2f}{mg} = \dfrac{1}{\tan\theta}$ となる．ここで，静止摩擦係数の定義から，$f < \mu N_2$ でなければならないので，$\tan\theta > \dfrac{1}{2\mu}$ という条件が求められる． □

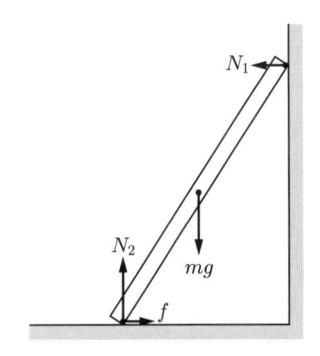

図 6.7 壁に立てかけられた棒におけるつりあい

6.6 てこの原理

小さな力を大きな力に変える道具にてこがある．図 6.8 (a) のように軽くて丈夫な棒の下に支点をおく．棒の左端に乗っている質量 m の物体をゆっくり持ち上げるにはどうしたらよいだろうか．もし物体に直接力を加えるなら，物体の位置に大きさ $F_2 = mg$ の力を上向きに加えればよい．この場合はその代わりに，重力による力のモーメントを打ち消すような力のモーメントを棒に加えるという方法でも持ち上げることができる．もし棒の右端に大きさ F_1 の力を下向きに加えるのであれば，力のモーメントのつりあいより

$$l_1 F_1 = l_2 mg = l_2 F_2 \tag{6.22}$$

という関係が求まる．ただし，l_1, l_2 はそれぞれ支点から右端まで，支点から左端までの距離である．この式を F_1 について解くと，

$$F_1 = \frac{l_2}{l_1} F_2 \tag{6.23}$$

6.6 てこの原理

となり、l_2 に比べて l_1 を十分長くとれば、棒の右端に小さな力 F_1 を下向きに加えることで、左端に大きな力 F_2 を上向きに加えたのと同じはたらきが得られることになる。これを**てこの原理**という。てこの原理は、くぎ抜きやスパナなどの工具、レバー式の水道の蛇口など、身の回りでも応用されている。

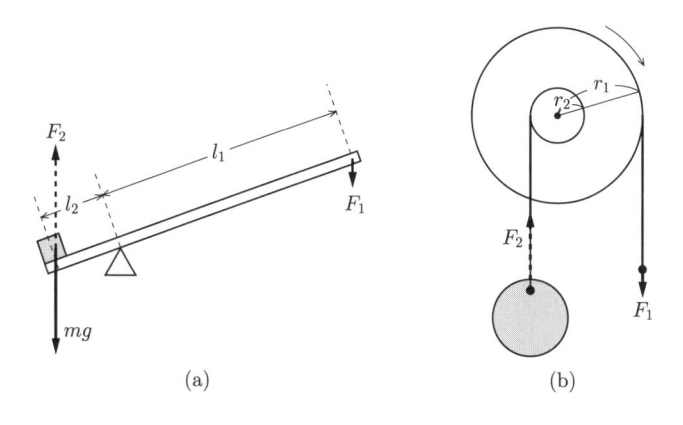

図 6.8 てこと輪軸。力 F_1 は力 F_2 と同じ効果を与える。

てこと似ているものに、**輪軸**がある (図 6.8 (b))。輪軸とは、大きな半径と小さな半径の円柱が互いに固定され、それらの共通の中心に回転軸がつらぬいているものである。わかりやすい例として、半径 r_1 と半径 r_2 の滑車を一体化させたものを考えよう。半径 r_1 の滑車にひもをかけて大きさ F_1 の力で引っぱることにより、半径 r_2 の滑車にかけられたひもを大きさ F_2 の上向きに引っぱるのと同じ効果を得たいのであれば、てこの原理と同様の考察により、

$$F_1 = \frac{r_2}{r_1} F_2 \tag{6.24}$$

とすればよい。このように、輪軸を使うと小さな力を大きな力へ変えることができる。この原理はねじ回しの取っ手、ドアノブ、自転車の変速機などに応用されている。

てこや輪軸を使えば、小さな力を大きな力に変えることができるが、仕事はどうだろうか。実は、これらの道具を使っても、できる仕事はまったく変わらない。たとえば、てこの左端を x だけ上昇させるには右端を $\frac{l_1}{l_2}x$ だけ動かさなくてはならないので、必要な仕事は $F_1 \frac{l_1}{l_2} x = F_2 x$ となる。つまり、加えるべき力が減っても、動かすべき距離が増えるので、てこや輪軸を使った場合でも物体を直接動かす場合と同じ量の仕事をしなくてはならない。これも 4.1.4 項で説明した**仕事の原理**の一例といえる。

― *Memo* ―
2 人で野球のバットの両端をそれぞれ持ち、逆向きに回し合うとする。自分の思う向きに回すことができたほうが勝ちというゲームをするなら、太いほうを持ったほうが有利になるはずである。これも輪軸の原理で説明できる。

6.7 慣性モーメント

剛体がある軸のまわりを角速度 ω で回転している場合の角運動量は

$$L = \sum_{j=1}^{n} m_j r_{\perp j}^2 \omega \qquad (6.25)$$

と表される。ただし，$r_{\perp j}$ は j 番目の質点から回転軸までの距離である。この式から，角運動量は角速度に比例し，

$$L = I\omega \qquad (6.26)$$

と書くことができる。ここで

$$\boxed{I \equiv \sum_{j=1}^{n} m_j r_{\perp j}^2} \qquad (6.27)$$

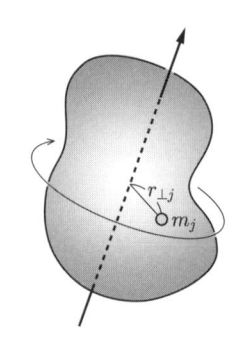

図 6.9 回転に関する慣性の強さが慣性モーメントである。

を**慣性モーメント**という。慣性モーメントを用いると，式 (6.7) は

$$\boxed{\frac{d}{dt}(I\vec{\omega}) = \vec{N}} \qquad (6.28)$$

と表すことができる。ただし $\vec{\omega}$ は，大きさ ω で回転軸の向き (右ねじの法則にしたがう) を向くベクトルである。これを，運動方程式

$$\frac{d}{dt}(m\vec{v}) = \vec{F}$$

と比べると，形がよく似ている。質量は静止している物体の「動きにくさ」を表す量であることを思い出すと，式 (6.28) は慣性モーメントが静止している剛体の「回転しにくさ」を表す量であることを示している。

次に，角速度 ω で回転している剛体の運動エネルギーを慣性モーメントを用いて表してみよう。運動エネルギーは

$$\frac{1}{2}\sum_{j=1}^{n} m_j v_j^2 = \frac{1}{2}\sum_{j=1}^{n} m_j r_{\perp j}^2 \omega^2$$

つまり

$$\boxed{\frac{1}{2}I\omega^2} \qquad (6.29)$$

となる。これを通常の並進運動の運動エネルギー

$$\frac{1}{2}mv^2$$

と比べてみると，やはり慣性モーメントは回転運動において「質量」のような役割をはたしていることがわかる。

> **Memo**
>
> エネルギーをたくわえるにはどのような方法があるだろうか。たとえばスマートフォンのバッテリーは，電気エネルギーを化学エネルギーに変えてたくわえる装置といえる。大量のエネルギーをたくわえる方法として，ポテンシャルエネルギーを利用する方法もある。たとえば，標高の高いところに池を作っておき，電力で水を運び上げれば，電気エネルギーをポテンシャルエネルギーに変えてたくわえることになる。それでは，運動エネルギーの形でエネルギーをたくわえることはできるだろうか。
>
> 直線運動では，運動エネルギーをたくわえるために大きなスペースが必要であるが，回転運動ならその必要がない。大きな慣性モーメントをもつ剛体を回転軸のまわりで回転させれば，式 (6.29) により運動エネルギーをたくわえることができる。このようなものを，「はずみ車」あるいは「フライホイール」という。はずみ車は，昔のブリキの車のおもちゃに入っていた。車輪が回転すると，車の中のはずみ車が高速で回転するしくみになっている。いったん走り出した車は，はずみ車にたくわえられている運動エネルギーがなくなるまで走り続けるので，多少の障害物や上り坂をものともせずに走る。電池が入っていないのに，まるで動力があるような動きをするのである。

6.8 慣性モーメントの具体的な計算

式 (6.27) では，剛体を質点の集合として取り扱った。しかし，多くの剛体は連続体として考えなければならない。微小な体積 dV 当たりの微小な慣性モーメント dI は，密度を $\rho(\vec{r})$ とすると，

$$dI = r_\perp^2 \rho(\vec{r})\, dV \tag{6.30}$$

と計算できる。これを体積積分すれば全体の慣性モーメントが

$$I = \iiint r_\perp^2 \rho(\vec{r})\, dV \tag{6.31}$$

により求まる。ここで $r_\perp$ は回転軸と位置 $\vec{r}$ の距離である。

例題 6.5 1辺の長さが $2a$ の立方体がある。一対の向かい合う正方形の中心をそれぞれ貫くように回転軸が通っている場合，この軸のまわりの慣性モーメントを計算しなさい。ただし，物体の密度は場所によらず一定で，全体の質量を M とする。

[解答] 立方体の各辺に平行に x 軸, y 軸, z 軸をとる，立方体が存在する領域を $-a < x < a$, $-a < y < a$, $-a < z < a$ とし，回転軸を z 軸とする。位置 $\vec{r} = (x, y, z)$ と z 軸との距離は $\sqrt{x^2 + y^2}$ なので，$r_\perp = \sqrt{x^2 + y^2}$ である。したがって，慣性モーメントは

$$I = \int_{-a}^{a} \int_{-a}^{a} \int_{-a}^{a} (x^2 + y^2) \rho \, dx dy dz \tag{6.32}$$

と表される。ただし密度を ρ とした。この積分を実際に計算すると，

$$\begin{aligned} I &= \rho \int_{-a}^{a} dy \int_{-a}^{a} dz \int_{-a}^{a} x^2 dx + \rho \int_{-a}^{a} dx \int_{-a}^{a} dz \int_{-a}^{a} y^2 dy \\ &= 2a \times 2a \times \left[\frac{1}{3}x^3\right]_{-a}^{a} + 2a \times 2a \times \left[\frac{1}{3}y^3\right]_{-a}^{a} \\ &= \frac{16}{3} a^5 \rho \end{aligned}$$

全体の質量を M と書くと $M = 8a^3 \rho$ なので，$I = \dfrac{2}{3} Ma^2$ となる。 □

その他，積分を用いて計算すると，以下の結果が得られる (章末問題参照)。

- 質量 M, 半径 R の密度が一様な円柱の, 中心軸のまわりの慣性モーメントは $\frac{1}{2}MR^2$.
- 質量 M, 半径 R の密度が一様な球の, 中心を通る軸のまわりの慣性モーメントは $\frac{2}{5}MR^2$.

---Memo---

力のモーメントがはたらいていない場合, 式 (6.28) により角運動量 $I\omega$ は時刻によらず一定である。もし物体が変形して慣性モーメント I が変化すると, 角速度 ω も変化する。ネコを空中に放り投げると, 途中で体がくるくる回転していても, 必ず足から着地する。重心運動に関しては, 初速度が与えられれば決まってしまうので, ネコの意思ではどうすることもできない。しかし, 回転運動はネコが姿勢を変えることにより変化させることができる。慣性モーメントを変えることで角速度を変化させて体の向きを制御し, ちょうど地面に着地する瞬間に足が下を向くということをネコは容易にやってのけているのである。
フィギュアスケートの選手も, 姿勢を変えることにより慣性モーメントを変化させている。たとえば, 体を細長くすると慣性モーメントが小さくなるので, 角速度が増加する。スピンの際に回転がだんだん速くなるのは, この原理による。

6.9 回転軸が重心を通らない場合の慣性モーメント

剛体が回転運動する場合, 回転軸は必ずしも重心を通るとは限らない。そのような場合でも, 重心を通る回転軸のまわりの慣性モーメントが与えられていれば, 慣性モーメントを簡単に計算することができることを示そう。

剛体内のある点を表す位置ベクトルを $\vec{r}$ とする。剛体の重心の位置を $\vec{R}$ とし, $\vec{r} = \vec{R} + \vec{r'}$ とすると, $\vec{r'}$ は仮に重心を原点においた場合の位置ベクトルに相当する。それぞれのベクトルを, 回転軸に平行な成分と垂直の和を用いて $\vec{r} = \vec{r}_\parallel + \vec{r}_\perp$, $\vec{R} = \vec{R}_\parallel + \vec{R}_\perp$, $\vec{r'} = \vec{r'}_\parallel + \vec{r'}_\perp$ のように表す。このとき

$$|\vec{r}_\perp|^2 = |\vec{R}_\perp|^2 + |\vec{r'}_\perp|^2 + 2\vec{R}_\perp \cdot \vec{r'}_\perp \tag{6.33}$$

となる。これを用いると, 原点を通るある軸のまわりの慣性モーメント $\iiint |\vec{r}_\perp|^2 \rho(\vec{r})\, dV$ は,

$$I_0 = |\vec{R}_\perp|^2 \iiint \rho(\vec{r})\, dV + \iiint |\vec{r'}_\perp|^2 \rho(\vec{r'})\, dV + 2\vec{R}_\perp \cdot \iiint \vec{r'}_\perp \rho(\vec{r'})\, dV \tag{6.34}$$

となる。ここで $\iiint \vec{r'}_\perp \rho(\vec{r'})\, dV = \iiint \vec{r}_\perp \rho(\vec{r})\, dV - \vec{R}_\perp \iiint \rho(\vec{r})\, dV = \vec{0}$ であり, $\iiint \rho(\vec{r})\, dV = M$ (M は剛体全体の質量) であることを用いると,

$$I_0 = M|\vec{R}_\perp|^2 + I \tag{6.35}$$

となる。ただし I は剛体の重心を通る回転軸 (ただし, 現在考えている回転軸と平行) の

6.10 ころがり摩擦

まわりの慣性モーメントを示す。この式から，

回転軸が重心を通らない場合の慣性モーメント

ある軸のまわりの剛体の慣性モーメントは，重心にすべての質量が集中している質点とみなした場合の慣性モーメントに，重心を通る回転軸 (ただしもとの回転軸と平行) のまわりの慣性モーメントを加えたものに等しい。

という一般的な関係が成り立つことがわかった。

例題 6.6 図 6.10 のように，半径 R，質量 M の 2 つの球が，質量が無視できる棒に固定されている。棒の中心を通り，棒と垂直な回転軸のまわりの慣性モーメント I を求めなさい。ただし，球の中心間の距離を $2d$ とする。

[解答] 球を重心に質量が集中した質点とみなした場合の回転軸のまわりの慣性モーメントは Md^2. 球の重心のまわりの慣性モーメントは $\frac{2}{5}MR^2$. このような球が 2 つあるので，全体の慣性モーメントは

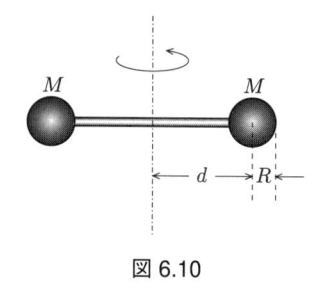

$$I = 2\left(\frac{2}{5}MR^2 + Md^2\right) = \frac{2}{5}M(2R^2 + 5d^2)$$

となる。

図 6.10

6.10 ころがり摩擦

円柱や球が面をころがる運動を考えてみよう。たとえば，スリップせずに車が走っている場合，タイヤが路面の上を滑らずにころがっている。このように円柱や球の物体が平面と接している場合に互いに滑らないのは，面どうしに**ころがり摩擦力**という力がはたらいているためである。この摩擦力は静止摩擦力に似ているが，接する場所がたえず変化しているところが異なる。面どうしは互いに滑らないため，ころがり摩擦力は仕事をしない。そのため，滑らずにころがっている場合は力学的エネルギーは保存される。

例題 6.7 密度が一様な球を傾斜角 θ の斜面にそっと置いたところ，滑らずにころがっていった。重心の加速度を求めなさい。

[解答] 球の質量を M とし，斜面にそった下向きに x 軸をとる。重心の位置を x とすると，重心の運動方程式は

$$M\ddot{x} = Mg\sin\theta - f$$

となる。ここで f は球と斜面の間のころがり摩擦力の大きさである。次に，球の半径を R とし，重心のまわりの角運動量の時間変化と力のモーメントの関係を書くと，式 (6.28) より

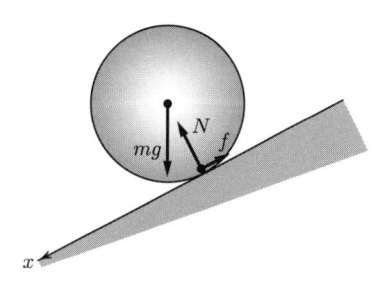

$$I\dot{\omega} = fR$$

図 6.11 斜面をころがる物体

となる。ここで I は球の慣性モーメント，ω は重心のまわりの角速度である。球が滑らずにころがるためには，重心の速さ $\dot{x}$ と角速度 ω が $\dot{x} = R\omega$ という関係をみたしていなければならない。一様な球の慣性モーメントが $I = \frac{2}{5}MR^2$ であることを用いると，力のモーメントの式より $f = \frac{2}{5}M\ddot{x}$ である。これを運動方程式に代入し，整理すると，重心の加速度は $\ddot{x} = \frac{5}{7}g\sin\theta$ となる。これはころがらずに斜面を滑り落ちていく物体の加速度の $\frac{5}{7}$ 倍となる。

ついでにエネルギーを計算してみよう。たとえば，球の重心が高さ h の場所からころがりはじめたとすると，重心が高さ 0 の位置に達した場合，ポテンシャルエネルギーの減少は Mgh である。一方，高さ 0 における重心の速度を V とし，等加速度運動の公式を用いると，

$$V^2 = 2 \times \frac{5}{7}g\sin\theta \times \frac{h}{\sin\theta} = \frac{10gh}{7}$$

である。これにより，重心運動の運動エネルギーの増加が $\frac{1}{2}MV^2 = \frac{5}{7}Mgh$ と計算できる。位置エネルギーと重心の運動エネルギーの和は，運動前と比べて $\frac{2}{7}Mgh$ 減少してしまったことになるが，球には回転による運動エネルギーが生じており，その値は $\frac{1}{2}I\omega^2$ である。ここで，$I = \frac{2}{5}MR^2$，$\omega = \frac{V}{R}$ を代入すると，回転の運動エネルギーは

$$\frac{1}{5}MR^2 \times \frac{V^2}{R^2} = \frac{1}{5}MV^2$$

となる。これはちょうど $\frac{2}{7}Mgh$ に等しいため，エネルギー保存の法則が成り立っている。 □

練習問題 6

6.1 大根を同じ質量の2片に分けるため，図6.12のようにひもをかけてぶら下げ，左右がちょうどつりあったときのひもの位置を包丁で切ることにした。この考えは正しいか，考察しなさい。

6.2 ある質点系の原点を中心とした角運動量 $\vec{L}_0$ は，重心 $\vec{R}$ を中心とした角運動量 $\vec{L}$ とどのような関係があるか，式で表しなさい。

図 6.12

6.3 半径 R，質量 M の円柱がある。円柱の密度は場所によらず一定とする。
 (a) 円柱の中心軸のまわりの慣性モーメントを計算しなさい。
 (b) この円柱が傾斜角 θ の斜面をころがるときの，重心の加速度を求めなさい。

6.4 半径 R，質量 M の球がある。密度が場所によらず一定の場合，中心を通る軸のまわりの慣性モーメントを求めなさい。

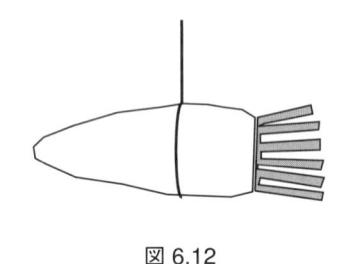

7

中心力と惑星の運動

常に中心を向く力を中心力という。中心力を受ける物体の運動では角運動量が保存する。中心力の例として，たとえば，惑星が太陽から受ける万有引力がある。ここでは惑星の運動方程式を実際に解き，惑星の運動に関するケプラーの法則を導いてみよう。

7.1 角運動量保存の法則と中心力

空間のある点を「中心」とよぶことにしよう。物体にはたらく力が常に中心の向き，あるいは中心と正反対の向きを向いている場合，その力のことを**中心力**という。

原点を中心とすると，中心力は位置ベクトル $\vec{r}$ とその大きさ r を用いて，

$$\vec{F} = F\frac{\vec{r}}{r} \tag{7.1}$$

と書くことができる。この式では $F > 0$ なら斥力，$F < 0$ なら引力を表している。中心力による力のモーメントを計算すると，

$$\vec{r} \times \vec{F} = \frac{F}{r}\vec{r} \times \vec{r} = 0 \tag{7.2}$$

となる。ここで，自分自身との外積は常に 0 であることを用いた。このように，中心力では力のモーメントが発生しないので，式 (6.7) より

$$\boxed{\frac{d}{dt}\vec{L} = 0} \tag{7.3}$$

となり，角運動量 $\vec{L}$ は時刻によらず一定となる。これも**角運動量保存の法則**の一例である。

--- 中心力 ---
中心力のみを受ける物体では，角運動量は保存される。

例題 7.1 中心からの距離だけの関数であり，方位には依存しないポテンシャルエネルギーは中心力を与えることを示しなさい。

[解答] 中心からの距離だけに依存するポテンシャルエネルギーは $V(r)$ と書くことができる。ここで，$r = \sqrt{x^2+y^2+z^2}$ である。このポテンシャルエネルギーから導かれる保存力を計算すると，

$$\begin{aligned}\vec{F} &= -\nabla V(r) \\ &= -\left(\frac{\partial r}{\partial x}\frac{d}{dr}V(r),\ \frac{\partial r}{\partial y}\frac{d}{dr}V(r),\ \frac{\partial r}{\partial z}\frac{d}{dr}V(r)\right) \\ &= -\frac{dV}{dr}\left(\frac{\partial r}{\partial x},\ \frac{\partial r}{\partial y},\ \frac{\partial r}{\partial z}\right) \\ &= -\frac{dV}{dr}\left(\frac{x}{r},\ \frac{y}{r},\ \frac{z}{r}\right) = -\frac{dV}{dr}\frac{\vec{r}}{r}\end{aligned}$$

となる。ただし上の計算では $\frac{\partial r}{\partial x} = \frac{\partial}{\partial x}(x^2+y^2+z^2)^{\frac{1}{2}} = x(x^2+y^2+z^2)^{-\frac{1}{2}} = \frac{x}{r}$ などを用いた。力 $\vec{F}$ は $\vec{r}$ と平行なので中心力である。 □

7.2 ケプラーの法則

一般に，地球などの惑星は太陽から万有引力を受けて運動している。その場合，もっとも簡単なのは 2.2.10 項で述べたような円軌道を描く運動であるが，初期条件によっては必ずしも円軌道になるとは限らない。ドイツのヨハネス・ケプラー (1571–1630) は惑星の運動を観察し，以下の 3 つの法則 (ケプラーの法則) に整理した。

- 第 1 法則：惑星は楕円軌道を描いて運動する。
- 第 2 法則：面積速度 (惑星と太陽を結ぶ線分が単位時間に描く面積) は常に一定である。
- 第 3 法則：惑星の公転周期の 2 乗は，軌道楕円の半長軸の 3 乗に比例する。

このうちの第 2 法則を式で表すと，

$$\frac{1}{2}\frac{\vec{r}\times d\vec{r}}{dt} = 一定 \qquad (7.4)$$

となる。惑星の質量を m とし，両辺に $2m$ をかけると，この式は

$$\vec{r}\times\vec{p} = 一定 \qquad (7.5)$$

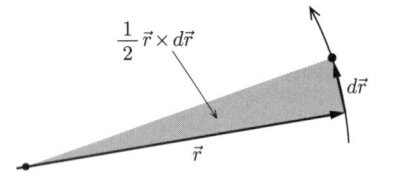

図 7.1 図の面積を dt で割ったものを**面積速度**という。

と同じであり，角運動量保存の法則のいいかえにすぎないことがわかる。これは，太陽と惑星にはたらく万有引力が中心力であることに由来する。第 1 法則と第 3 法則については以下に詳しく考察していこう。

7.3 極座標における運動方程式

中心力を受ける物体の運動を考えよう．すでに述べたように，中心力を受ける物体の角運動量は保存される．角運動量 $\vec{r} \times \vec{p}$ の向きを z 軸方向とすると，外積の定義により $\vec{r}$ および $\vec{p}$ は z 軸に垂直でなければならないので，物体は xy 平面内を運動する．よって，物体の位置は 2 次元座標 (x, y) で表すことができる．

中心力の問題を考える際には，極座標 (r, θ) を用いたほうが便利である．ここで，(x, y) と (r, θ) には

$$\begin{cases} x = r\cos\theta \\ y = r\sin\theta \end{cases} \tag{7.6}$$

$$\begin{cases} r = \sqrt{x^2 + y^2} \\ \tan\theta = \dfrac{y}{x} \end{cases} \tag{7.7}$$

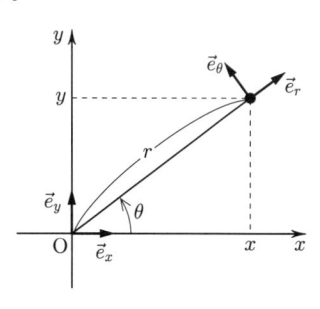

図 7.2 極座標の定義

という関係がある．

図 7.2 のように，動径方向の単位ベクトルを $\vec{e}_r$，角度方向の単位ベクトルを $\vec{e}_\theta$ とする．x 方向の単位ベクトル $\vec{e}_x$，y 方向の単位ベクトル $\vec{e}_y$ との関係は

$$\vec{e}_r = \cos\theta \cdot \vec{e}_x + \sin\theta \cdot \vec{e}_y \tag{7.8}$$

$$\vec{e}_\theta = -\sin\theta \cdot \vec{e}_x + \cos\theta \cdot \vec{e}_y \tag{7.9}$$

となる．

ここで，$\vec{e}_r$ や $\vec{e}_\theta$ は物体の動きにつれて変化するため，その時間微分は 0 ではないことに注意しよう．今後のために，あらかじめそれらの時間微分を計算しておく．合成関数の微分法

$$\frac{d}{dt}\cos\theta(t) = \frac{d\theta}{dt}\frac{d}{d\theta}(\cos\theta) = -\dot{\theta}\sin\theta \tag{7.10}$$

などを用いて式 (7.8), (7.9) をそれぞれ時刻で微分すると，

$$\dot{\vec{e}}_r = -\dot{\theta}\sin\theta \cdot \vec{e}_x + \dot{\theta}\cos\theta \cdot \vec{e}_y = \dot{\theta}\vec{e}_\theta \tag{7.11}$$

$$\dot{\vec{e}}_\theta = -\dot{\theta}\cos\theta \cdot \vec{e}_x - \dot{\theta}\sin\theta \cdot \vec{e}_y = -\dot{\theta}\vec{e}_r \tag{7.12}$$

となる．次に，極座標での運動方程式を表すため，位置ベクトル

$$\vec{r} = r\vec{e}_r \tag{7.13}$$

を時刻 t で微分し，速度ベクトル，加速度ベクトルを求めてみよう．まず速度ベクトルは

$$\dot{\vec{r}} = \dot{r}\vec{e}_r + r\dot{\vec{e}}_r = \dot{r}\vec{e}_r + r\dot{\theta}\vec{e}_\theta \tag{7.14}$$

となり，加速度ベクトルは

$$\ddot{\vec{r}} = \ddot{r}\vec{e}_r + 2\dot{r}\dot{\vec{e}}_r + r\ddot{\vec{e}}_r$$

$$= \ddot{r}\vec{e}_r + 2\dot{r}\dot{\theta}\vec{e}_\theta + r(\ddot{\theta}\vec{e}_\theta + \dot{\theta}\dot{\vec{e}}_\theta)$$
$$= (\ddot{r} - r\dot{\theta}^2)\vec{e}_r + (2\dot{r}\dot{\theta} + r\ddot{\theta})\vec{e}_\theta \tag{7.15}$$

となる。中心力は $\vec{F}(\vec{r}) = F(r)\vec{e}_r$ と表すことができるので、運動方程式 $m\ddot{\vec{r}} = \vec{F}(\vec{r})$ を $\vec{e}_r$ 成分と $\vec{e}_\theta$ 成分に分けて書くと、

$$m(\ddot{r} - r\dot{\theta}^2) = F(r) \tag{7.16}$$
$$m(2\dot{r}\dot{\theta} + r\ddot{\theta}) = 0 \tag{7.17}$$

となる。ここで、式 (7.16) を移項して書きなおすと、

$$\boxed{m\ddot{r} = F(r) + mr\dot{\theta}^2} \tag{7.18}$$

となる。これは 1 次元の運動方程式と似ているが、余分な力 $mr\dot{\theta}^2$ がつけ加わっている。この力は**遠心力**を表している。

一方、式 (7.17) の両辺に r をかけると、

$$m(2r\dot{r}\dot{\theta} + r^2\ddot{\theta}) = 0 \tag{7.19}$$

すなわち、

$$\boxed{\frac{d}{dt}\left(mr^2\dot{\theta}\right) = 0} \tag{7.20}$$

が得られる。これは、$mr^2\dot{\theta}$ が時間によらず一定であることを意味し、角運動量保存の法則を表している。

例題 7.2 $mr^2\dot{\theta}$ が z 軸のまわりの角運動量を表すことを示しなさい。

[解答] 定義より、角運動量ベクトル $\vec{L}$ は、$\vec{L} = \vec{r} \times \vec{p} = m\vec{r} \times \dot{\vec{r}}$ である。この式に式 (7.13) と式 (7.14) を代入すると、

$$\vec{L} = mr\vec{e}_r \times (\dot{r}\vec{e}_r + r\dot{\vec{e}}_r) = mr\vec{e}_r \times (\dot{r}\vec{e}_r + r\dot{\theta}\vec{e}_\theta) = mr^2\dot{\theta}(\vec{e}_r \times \vec{e}_\theta) = mr^2\dot{\theta}\vec{e}_z$$

となり、題意が示された。 □

角運動量 $mr^2\dot{\theta}$ を L とおくと、L は時間によらない定数である。これを $\dot{\theta}$ について解いた

$$\dot{\theta} = \frac{L}{mr^2} \tag{7.21}$$

を式 (7.18) に代入すると、

$$\boxed{m\ddot{r} = F(r) + \frac{L^2}{mr^3}} \tag{7.22}$$

となり、r のみを変数とする微分方程式の形に問題を整理できた。

7.4 惑星の運動方程式

互いに万有引力をおよぼしあう質量 M の太陽と質量 m の惑星を考える。太陽と惑星の位置をそれぞれ $\vec{R}, \vec{r}$ とすると，式 (5.22) により，重心は

$$\frac{m\vec{r} + M\vec{R}}{m + M} \tag{7.23}$$

と表される。また，式 (5.25) により相対座標 $\vec{r} - \vec{R}$ の運動方程式を

$$\mu \frac{d^2}{dt^2}(\vec{r} - \vec{R}) = \vec{F}(\vec{r} - \vec{R}) \tag{7.24}$$

と書くことができる。ただし $\mu = \dfrac{mM}{m+M}$，万有引力を $\vec{F}$ とした。一般に，太陽は惑星と比べて質量がはるかに大きい (たとえば，太陽は地球の約 30 万倍の質量をもつ)。そこで $M \gg m$ という条件で考えると，式 (7.23) はほぼ $\vec{R}$ となり，太陽の位置を重心と考えてもかまわない。そこで，太陽の位置 $\vec{R}$ を座標軸の原点におくことにすると $\vec{R} = 0$ なので，式 (7.24) は $M \gg m$ のもとでは

$$m \frac{d^2}{dt^2}(\vec{r}) = \vec{F}(\vec{r}) \tag{7.25}$$

と近似できる。つまり，今後は太陽が原点に固定されているという条件のもとに惑星の運動を解けばよいことになる。

原点に質量 M の太陽がある場合，中心から r 離れた位置にある質量 m の惑星は，万有引力

$$F(r) = -G\frac{mM}{r^2} \tag{7.26}$$

を受ける。これを式 (7.22) に代入すると，**惑星の運動方程式**

$$\boxed{m\ddot{r} = -G\frac{mM}{r^2} + \frac{L^2}{mr^3}} \tag{7.27}$$

が得られる。

7.5 円に近い軌道

もっとも簡単な場合として，r が時間によらずに一定値 r_0 をもつ円運動を考えよう。この場合は $\ddot{r} = 0$ なので，

$$G\frac{mM}{r_0^2} = \frac{L^2}{mr_0^3}$$

$$\therefore \quad G\frac{mM}{r_0^2} = \frac{m^2 r_0^4 \omega^2}{mr_0^3} \tag{7.28}$$

が成り立つ。これは万有引力と遠心力のつりあいの式であり，式 (2.16) と同じ意味をもつ。これを r_0 について解くと，

$$r_0 = \left(\frac{GM}{\omega^2}\right)^{\frac{1}{3}} \tag{7.29}$$

となる。

式をみやすくするため，$A = GmM$，$B = \dfrac{L^2}{m}$ とおくと，式 (7.28) は

$$-Ar_0^{-2} + Br_0^{-3} = 0 \tag{7.30}$$

と書くことができる。次に，円軌道からわずかにずれている軌道を考えてみよう。ずれを表す関数を $q(t)$ とし，$r(t) = r_0 + q(t)$ と書くことにすると（ただし $q(t)$ は微小量），$q(t)$ がみたす運動方程式は

$$\begin{aligned}m\ddot{q} &= -A(r_0+q)^{-2} + B(r_0+q)^{-3} \\ &= -Ar_0^{-2}(1+s)^{-2} + Br_0^{-3}(1+s)^{-3}\end{aligned} \tag{7.31}$$

となる。ここで $s = \dfrac{q}{r_0}$ とおいた。q は微小量なので $|s| \ll 1$ をみたす。その場合，テイラー展開より得られる近似式 $(1+s)^n \approx 1 + ns$ を使うことができるので，式 (7.31) は，

$$\begin{aligned}m\ddot{q} &= -Ar_0^{-2}(1-2s) + Br_0^{-3}(1-3s) \\ &= -Ar_0^{-2} + Br_0^{-3} + (2Ar_0^{-2} - 3Br_0^{-3})s \\ &= -Br_0^{-4}q\end{aligned} \tag{7.32}$$

となる。ここで，2 行目から 3 行目への変形には式 (7.30) を用いた。さらに

$$B = \frac{L^2}{m} = \frac{m^2 r_0^4 \omega^2}{m} \tag{7.33}$$

を代入すると，q の方程式は

$$\ddot{q} = -\omega^2 q \tag{7.34}$$

となる。この微分方程式の一般解は

$$q(t) = q_0 \cos(\omega t + \alpha) \tag{7.35}$$

と書くことができる。ここで q_0 と α は任意の実数であり，それぞれ振幅と初期位相を表す。この式から，万有引力を受けて運動する物体が円軌道からわずかにずれると，中心からの距離は伸びたり縮んだりという単振動を行うことがわかる。その単振動の角振動数は，円運動の角速度 ω と完全に一致する。これは，物体が 1 周する間に，動径の長さの単振動もちょうど 1 周期分の運動を行うことを意味しているので，2 周目以降の軌道は 1 周目の軌道を完全になぞっていくことを意味する。この運動を図示すると，図 7.3 のように中心がわずかにずれた円軌道になる。

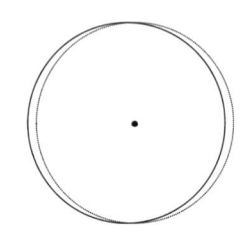

図 7.3　中心がわずかにずれた円軌道

7.6 一般の軌道

一般の場合の惑星の**軌道**を考えてみよう。ここでは，時間依存性は問わずに軌道の形を求めることに専念する。数学的に見通しをよくするために，

$$u = \frac{1}{r} \tag{7.36}$$

で定義された変数 u を用いることにしよう。軌道の形を求めるということは，u を θ の関数として求めることである。そのためには，たとえば微分

$$\frac{du}{d\theta} \tag{7.37}$$

などを計算しておく必要がある。ここで，合成関数の微分の式を用いると，以下のように θ に関する微分を t に関する微分に置き換えることができる。

$$\frac{d}{d\theta} = \frac{dt}{d\theta}\frac{d}{dt} = \frac{1}{\dot\theta}\frac{d}{dt} = \frac{mr^2}{L}\frac{d}{dt} \tag{7.38}$$

である。ここで角運動量の式 (7.21) を用いた。この式を利用して u を θ で微分したものを計算すると，

$$\frac{du}{d\theta} = \frac{mr^2}{L}\dot u = \frac{mr^2}{L}\left(-\frac{1}{r^2}\dot r\right) = -\frac{m}{L}\dot r \tag{7.39}$$

となる。この式をさらに θ で微分すると，

$$\frac{d^2u}{d\theta^2} = -\frac{m^2r^2}{L^2}\ddot r \tag{7.40}$$

が得られる。右辺を運動方程式

$$m\ddot r = -Ar^{-2} + Br^{-3} \tag{7.41}$$

を用いて変形すると，

$$\frac{d^2u}{d\theta^2} = -\frac{m}{L^2}(-A + Bu) \tag{7.42}$$

となる。$A = GmM$, $B = \dfrac{L^2}{m}$ を代入すると，

$$\frac{d^2u}{d\theta^2} = u_0 - u \tag{7.43}$$

という微分方程式が得られる。ここで

$$u_0 = \frac{1}{r_0} = \frac{Gm^2M}{L^2} \tag{7.44}$$

とおいた。この微分方程式の一般解は任意の実数 C, α を用いて

$$u = u_0 + C\cos(\theta - \alpha) \tag{7.45}$$

と表される。これを r に関する式になおすと，

$$r = \frac{1}{u_0 + C\cos(\theta - \alpha)} = \frac{r_0}{1 + e\cos(\theta - \alpha)} \tag{7.46}$$

となる。ここで

$$e = \frac{C}{u_0} \tag{7.47}$$

とおいた。e を**離心率**とよぶ。x 軸，y 軸の向きをうまくとり直すと，必ず $\alpha = 0, e \geq 0$ となるようにできるので，軌道の式を

$$r = \frac{r_0}{1 + e\cos\theta} \tag{7.48}$$

と書いても一般性は失われない。

7.7 軌道の形

ここで，式 (7.48) の軌道が具体的にどのような形なのかを考えてみる。$\cos\theta = \dfrac{x}{r}$ を用いて軌道の式を書き直すと，

$$r = \frac{r_0}{1 + e\dfrac{x}{r}} \tag{7.49}$$

となる。$r = \sqrt{x^2 + y^2}$ を用いて整理すると，

$$(1 - e^2)x^2 + 2er_0 x + y^2 = r_0^2 \tag{7.50}$$

という式が得られる。

（1） $0 \leq e < 1$ **の場合 (楕円軌道)**

$e \neq 1$ の場合はさらに式を変形して，

$$(1 - e^2)\left(x + \frac{er_0}{1 - e^2}\right)^2 + y^2 = \frac{1}{1 - e^2}r_0^2 \tag{7.51}$$

となる。ここで，$e < 1$ の場合を考えると，この方程式は

$$\left(\frac{1 - e^2}{r_0}\right)^2 \left(x + \frac{er_0}{1 - e^2}\right)^2 + \left(\frac{\sqrt{1 - e^2}}{r_0}\right)^2 y^2 = 1 \tag{7.52}$$

と書き直すことができる。これは，点 $\left(-\dfrac{er_0}{1 - e^2}, 0\right)$ を中心とし，x 軸方向に長さ $\dfrac{r_0}{1 - e^2}$ の長軸，y 軸方向に長さ $\dfrac{r_0}{\sqrt{1 - e^2}}$ の短軸をもつ**楕円**の方程式に相当する。特別な場合として $e = 0$ の場合を考えると，これは半径 r_0 の円になる。

|例題 7.3| 太陽は惑星と比べて質量がはるかに大きく，動かないものとする。このとき，太陽の位置は惑星の楕円軌道の**焦点**のひとつになっていることを示しなさい。

[解答] 付録 A.5 の式 (A.72) で表される楕円を，縦軸，横軸ともに $\dfrac{r_0}{1 - e^2}$ 倍し，x 軸の負の向きに $\dfrac{er_0}{1 - e^2}$ だけ平行移動させたものが式 (7.52) の惑星の軌道の式になる。このとき，ちょうど原点に楕円の焦点がくる。□

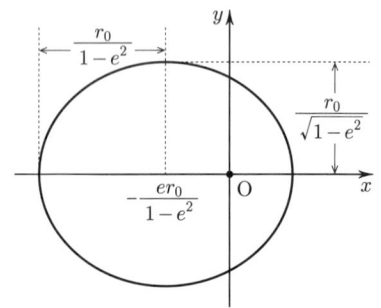

図 7.4 楕 円 軌 道

以上により，ケプラーの第1法則が証明された。

（**2**） $e=1$ の場合 (放物線軌道)

式 (7.50) で $e=1$ の場合は，軌道の方程式は

$$y^2 = -2r_0 x + r_0^2$$
$$\therefore \quad x = -\frac{1}{2r_0}y^2 + \frac{1}{2}r_0 \tag{7.53}$$

となる。これは**放物線**の軌道を表す。

（**3**） $e>1$ の場合 (双曲線軌道)

式 (7.50) で $e>1$ の場合を考え，式を変形すると，

$$\left(\frac{1-e^2}{r_0}\right)^2 \left(x+\frac{er_0}{1-e^2}\right)^2 - \left(\frac{\sqrt{e^2-1}}{r_0}\right)^2 y^2 = 1 \tag{7.54}$$

となる。これは**双曲線**の軌道を表すことが知られている。

以上のように，距離の2乗に反比例する中心力を受ける惑星の軌道は，初期条件に応じて，楕円，放物線，双曲線になる。楕円軌道以外の場合は，一度太陽から離れていった惑星は二度と戻ってこない。

7.8　ケプラーの第3法則の証明

楕円軌道の場合，惑星がもっとも太陽に近づく点を**近日点**，遠ざかる点を**遠日点**という。近日点および遠日点における太陽と惑星の距離をそれぞれ r_1, r_2，近日点および遠日点における惑星の角速度をそれぞれ $\dot{\theta}_1, \dot{\theta}_2$ とする。このとき，図7.4 より

$$r_1 = \frac{r_0}{1+e}$$
$$r_2 = \frac{r_0}{1-e} \tag{7.55}$$

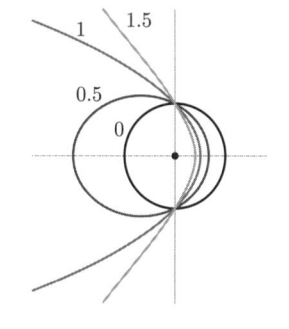

図 7.5　さまざまな軌道。数字は離心率 e を表す。

であることが容易に示される。また，ケプラーの第2法則 (面積速度一定の法則) より

$$r_1^2 \dot{\theta}_1 = r_2^2 \dot{\theta}_2 \tag{7.56}$$

である。一方，万有引力は保存力なので，力学的エネルギー保存の法則

$$\frac{1}{2}m(r_1\dot{\theta}_1)^2 - \frac{GmM}{r_1} = \frac{1}{2}m(r_2\dot{\theta}_2)^2 - \frac{GmM}{r_2} \tag{7.57}$$

が成り立つ。式 (7.57) に式 (7.55) および式 (7.56) を代入し，整理すると，

$$\frac{1}{2}\frac{r_0^2}{(1+e)^2}\dot{\theta}_1^2 \left\{1 - \frac{(1-e)^2}{(1+e)^2}\right\} = \frac{GM(1+e)}{r_0} - \frac{GM(1-e)}{r_0} \tag{7.58}$$

よって,
$$\dot{\theta}_1^2 = \frac{(1+e)^4 GM}{r_0^3} \tag{7.59}$$

となる。これを用いると，面積速度は
$$\frac{1}{2}r_1^2\dot{\theta}_1 = \frac{1}{2}\frac{r_0^2}{(1+e)^2}(1+e)^2\sqrt{\frac{GM}{r_0^3}} = \frac{1}{2}\sqrt{GMr_0} \tag{7.60}$$

となる。面積速度に回転の周期 T をかけたものは，楕円の面積に等しいはずなので，
$$\frac{1}{2}\sqrt{GMr_0} \times T = \pi r_0^2 \frac{1}{(1-e)^{3/2}} \tag{7.61}$$

である。両辺を2乗して整理すると，
$$\frac{1}{4}GMT^2 = \pi^2 a^3 \tag{7.62}$$

ここで
$$a = \frac{r_0}{1-e^2} \tag{7.63}$$

とした。これは楕円の長半径であるので，式 (7.62) はケプラーの第3法則を示している。

Memo

太陽のまわりを回る彗星のうち，もっとも有名なのはハレー彗星だろう。ハレー彗星は楕円軌道を描いて運動するが，離心率が $e = 0.967$ なので，近日点における太陽との距離は 0.59 AU，遠日点における太陽との距離は 35 AU と非常に大きな開きがある（AU は地球と太陽の平均距離を表し，天文単位とよばれる）。遠日点では海王星よりも太陽から離れているので観測することは困難だが，近日点に接近すると肉眼でも観測することができ，その事実は紀元前から記録に残されている。ハレー彗星は約 75～76 年おきに地球に接近することで知られている。次回の接近は２０６１年なので，ぜひ楽しみにしていてほしい。

練習問題 7

7.1 等速直線運動する物体の角運動量は，時刻によらずに一定であることを示しなさい。

7.2 距離の n 乗に比例する引力を中心から受けて円運動する物体がある。運動が円軌道からわずかにずれた場合でも，閉じた軌道 (2周目以降も1周目と完全に同じである軌道) を描くのは n がどのような場合か，考察しなさい。

7.3 ポテンシャルエネルギーが $U(r) = \frac{1}{2}kr^2$ で与えられる場合について，以下の問いに答えなさい。ただし，物体の運動は xy 面内に限られるとし，$r = \sqrt{x^2+y^2+z^2}$ とする。
 (a) このポテンシャルエネルギーから保存力を導きなさい。
 (b) 運動方程式の一般解を求めなさい。ただし，物体の質量を m とする。(ヒント：この場合はデカルト座標 (x, y) で解くほうが簡単である。)
 (c) 上で求めた一般解について，角運動量を計算し，角運動量が保存されていることを確かめなさい。

7.4 双曲線軌道の場合，惑星が太陽から十分遠い場合には直線軌道とみなすことができ，その直線を**漸近線**という。双曲線軌道の式 (7.54) を用いて漸近線を求めなさい。

8

座標変換と慣性力

　いままでの力学の法則は，静止している人から物体を観測しているという前提に基づいていた。もし観測者が運動していたらどうだろうか。観測者が等速直線運動している場合は力学の法則はまったく同じように成り立つ。一方，観測者が加速度運動している場合は，静止している人は観測しない「みかけの力」が発生する。これを慣性力という。

8.1 座標変換

　運動する飛行機の窓から世界を眺めたらどうなるだろうか。たとえば飛行機が旋回している場合，静止しているはずの物体がぐるぐる回っているように見える。だからといって，それらの物体すべてに向心力がはたらいていると判断するのは早計だろう。このように，運動している観測者が物体の運動を観察すると誤解する場合があるので，まずは確実に止まっている**静止系**という座標系があると考えよう。静止系に固定された座標軸を x 軸, y 軸, z 軸とする。これらの軸は動かないので，静止している物体の位置座標 (x,y,z) は時刻によらずに一定である。

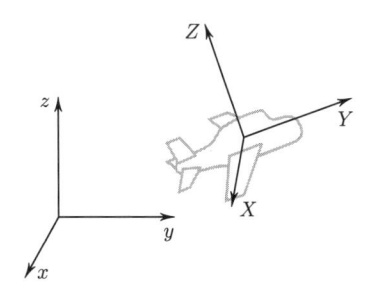

図 8.1 静止している座標系 (xyz 系) と，運動している観測者に固定された座標系 (XYZ 系)

　次に，観測者が運動している場合を考えてみよう。運動には，まっすぐなレールを電車が走る場合のような並進運動の他に，回転運動などがある。観測者に固定された座標系 (以下「観測者の座標系」とよぶ) の軸を X 軸, Y 軸, Z 軸とする。これらの軸は観測者とともに運動している。もし観測者から見た物体の座標 (X,Y,Z) が時刻によらず一定の場合，観測者からは止まって見えるが，実際には物体は運動していることになる。

　このとき変数 x,y,z は一般に変数 X,Y,Z および時刻 t の関数なので，

$$\begin{cases} x = f_x(X,Y,Z,t) \\ y = f_y(X,Y,Z,t) \\ z = f_z(X,Y,Z,t) \end{cases} \tag{8.1}$$

と書くことができる．このような座標どうしの関係を**座標変換**とよぶ．

8.2 慣性系

観測者が等速直線運動する場合の座標変換を具体的に表してみよう．たとえば，観測者が静止系に対して x 軸の正の向きに速さ v で等速直線運動している場合の座標変換は

$$\begin{cases} x = X + vt \\ y = Y \\ z = Z \end{cases} \tag{8.2}$$

となる．これを**ガリレイ変換**という．ここで，質量 m の物体に力 $\vec{F}$ がはたらいている場合，静止している人から見た運動方程式は

$$\begin{cases} m\ddot{x} = F_x \\ m\ddot{y} = F_y \\ m\ddot{z} = F_z \end{cases} \tag{8.3}$$

である．$\vec{r} = (x,y,z), \vec{F} = (F_x, F_y, F_z)$ とし，上式をベクトルで書くと

$$\boxed{m\ddot{\vec{r}} = \vec{F}} \tag{8.4}$$

である．ここで，式 (8.2) の両辺を t で 2 階微分して

$$\begin{cases} \ddot{x} = \ddot{X} \\ \ddot{y} = \ddot{Y} \\ \ddot{z} = \ddot{Z} \end{cases} \tag{8.5}$$

を用いると，観測者に固定された座標系での運動方程式は

$$\begin{cases} m\ddot{X} = F_X \\ m\ddot{Y} = F_Y \\ m\ddot{Z} = F_Z \end{cases} \tag{8.6}$$

となる．$\vec{R} = (X,Y,Z)$ として上式をベクトルで書くと

$$\boxed{m\ddot{\vec{R}} = \vec{F}} \tag{8.7}$$

となる．つまり，式 (8.7) は変数名が (x,y,z) から (X,Y,Z) に変わっただけで，あとは式 (8.4) とまったく同じ形をしている．これは，等速直線運動している観測者から眺めても物体にはたらく力は変わらないことを意味する．

8.3 慣性力

たとえば，静止している人がボールを真上に投げ上げる場合を考えてみよう。ボールには鉛直下向きに重力がはたらいているので，ボールは真上に上がって最高点に達した後，真下に落ちていく。このようすを，等速直線運動する電車に乗った人が眺めると，まるでボールを斜め上に投げ上げた場合の運動のように見える。しかしその運動も，ボールに鉛直下向きの重力がはたらいている場合の運動の一つとみなせるので，等速直線運動している人は，静止している人とまったく同じ力を観測しているといえる。

図 8.2 等速直線運動している人から見ても，力は変わらない。

この結果は，観測者が静止しているのか等速直線運動しているのかを，運動のようすを手がかりに判断することはできないことを意味する。たとえば，何も目印がない宇宙空間で 2 つの宇宙船がそれぞれ等速直線運動している場合，自分が止まっているのか，相手が止まっているのか，あるいは両者とも動いているかを判断することはできない。つまり，いままで静止系とよんでいた座標系だけを特別扱いする意味はないので，その座標系に対して等速直線運動している座標系すべても平等に扱い，それらをまとめて**慣性系**とよぶことにする。

― *Memo* ―

完全に止まっているといい切れる座標系（絶対静止系）というものは存在するのだろうか。たとえば，私たちは静止しているつもりでいても，地球は自転しているので，地表は時速 1,000 km 以上のスピードで動いていることになる。さらに地球は太陽のまわりを公転しているので，静止しているとはいえない。また，太陽も銀河系の中では動いており，銀河系も全宇宙の中では止まっているわけではない。
１９世紀前半までは，宇宙はエーテルという媒体で満たされており，エーテルそのものは静止していると考えられていた。アルバート・マイケルソン（1852–1931）とエドワード・モーリー（1838–1923）は１８８７年にエーテルに対する地球の速度を検出しようとしたが，結局失敗に終わった。この実験がきっかけとなり，エーテルや絶対静止系は存在しないことが確かめられた。
この実験により，真空中での光の速さはどのような観測者から見ても一定であることが確認され，アインシュタインはこの結果をもとに特殊相対性理論をつくりあげた。

8.3 慣性力

非慣性系(慣性系ではない座標系)ではどのようのことが起きるだろうか。簡単な例として，慣性系に対して加速度運動している座標系を考える。たとえば，x 軸の向きに加速度 a で等加速度運動する電車を考えてみよう。この場合，静止している xyz 座標系と，電車に固定された XYZ 座標系の間には

$$\begin{cases} x = X + \frac{1}{2}at^2 \\ y = Y \\ z = Z \end{cases} \tag{8.8}$$

という関係が成り立つ。ただし，時刻 $t=0$ で両方の座標軸は一致し，電車の速度は 0 であるとした。この場合，加速度どうしの関係は

$$\begin{cases} \ddot{x} = \ddot{X} + a \\ \ddot{y} = \ddot{Y} \\ \ddot{z} = \ddot{Z} \end{cases} \tag{8.9}$$

であるので，電車に固定された座標系から見た質量 m の物体の運動方程式は

$$\begin{cases} m\ddot{X} = F_X - ma \\ m\ddot{Y} = F_Y \\ m\ddot{Z} = F_Z \end{cases} \tag{8.10}$$

となる。これをベクトルで書くと，

$$\boxed{m\ddot{\vec{R}} = \vec{F} - m\vec{a}} \tag{8.11}$$

となる。この式をみると，電車に乗っている人は，本来の力 $\vec{F}$ に加えて，電車の加速度と逆向きの $m\vec{a}$ という力を観測することになる。この力は加速度運動している座標系の人だけが観測する「みかけの力」である。このような力のことを**慣性力**という。

慣性力

観測者が非慣性系にいる場合のみに現れる「みかけの力」を慣性力という。

慣性力の意味を考えてみよう。たとえば，電車がスピードを上げると，つり革は後ろ側に傾き，スピードを落とすと前方に傾く。この現象は電車に乗っている人から見れば，つり革が加速度と反対向きの慣性力を受けているからであると考えることができる。この場合，電車に乗っている人からは，重力，張力，慣性力の 3 つがつりあっているようにみえる。

図 8.3 つり革が受ける力。慣性力 (白い矢印) は電車に乗っている人だけが観測する。

一方，電車の外で静止している人からは，つり革には重力と張力だけがはたらいており，それらの合力がつり革を (電車と同じ加速度で) 加速させているようにみえる。

2.2.3 項ですでに述べたエレベーターの例をもう一度考えてみよう。エレベーターが加速度 a で上向きに加速していると，質量 m の人には ma の慣性力が下向きにはたらくので，本人はまるで $m(g+a)$ の重力がかかっているように感じる。そのため，みかけの体重も変化するのである。

例題 8.1 体重 50 kg の人がエレベーターに乗って体重を計ったら，55 kg と表示された。このときのエレベーターの加速度の向きと大きさを求めなさい。重力加速度の大きさを 9.8 m/s² とする。

[解答] 人間には重力に加えて慣性力もかかっており，体重計はそれらの和を測定している。上向きを正とし，エレベーターの加速度を a とすると，体重計が測定している力は $-mg - ma$ である。ただし，人間の質量を m とした。体重計の目盛には，かかっている力の大きさを重力加速度で割った $m\left(1 + \dfrac{a}{g}\right)$ が表示される。50 kg の体重が 55 kg と表示されたことから，$\dfrac{a}{g} = 0.1$，すなわち $a = 0.98$ m/s² である。a は正なので，加速度の向きは上向きである。 □

Memo

アインシュタインの特殊相対性理論は，静止している（と思っている）人から見ても運動している人から見ても，光の速さが同じであることを前提とする。その要求をみたすには，どのような座標系の人に対しても同じ時間が流れている，という暗黙の前提をあきらめなくてはならない。これは式 (8.2) のガリレイ変換が実は正しくないことを意味する。アインシュタインは位置だけでなく，時刻も座標系ごとに異なると考えて，位置と時刻をあわせた 4 次元座標の変換を導いた。たとえば，位置と時刻をまとめて (x, y, z, t) のように表すことにすると，(X, Y, Z, T) 系が (x, y, z, t) 系に対して x 方向に速度 v で等速直線運動している場合，

$$\begin{cases} x = \dfrac{X + vt}{\sqrt{1 - v^2/c^2}} \\ y = Y \\ z = Z \\ t = \dfrac{T + vX/c^2}{\sqrt{1 - v^2/c^2}} \end{cases}$$

のような座標変換を考えなくてはならない（c は光速を表す）。これを**ローレンツ変換**という。しかし，日常では，物体の運動は光速に比べて非常に遅く $v \ll c$ と近似することができるので，ローレンツ変換の代わりにガリレイ変換の式を用いてもかまわない。

8.4 慣性力の直観的説明

慣性力を理解するために，大きな箱に乗って，その中にある物体の運動を眺めてみよう。物体には力がはたらいておらず，等速直線運動しているとする。箱も等速直線運動していたら，箱に乗っている人からは物体が等速直線運動しているように見えるので，物体には力がはたらいていないと判断するだろう (図 8.4 (a))。もし箱が等加速度運動していると，箱の中の人には物体が反対向きに加速しているように見えるので，物体が力を受けていると判断するだろう (図 8.4 (b))。もし箱が左にカーブしたらどうなるだろうか。物体は直進し続けようとするので，箱に乗っている人には，物体が遠心力を受けて右に引っぱられるように見える (図 8.4 (c))。

私たちが乗り物に乗っているときに慣性力を感じたら，それは乗り物が加速している証拠である。乗り物の加速度の向きは，慣性力の向きと正反対である。第 1 章で紹介した加速度センサーは，慣性力を測定することによって加速度を求めている。

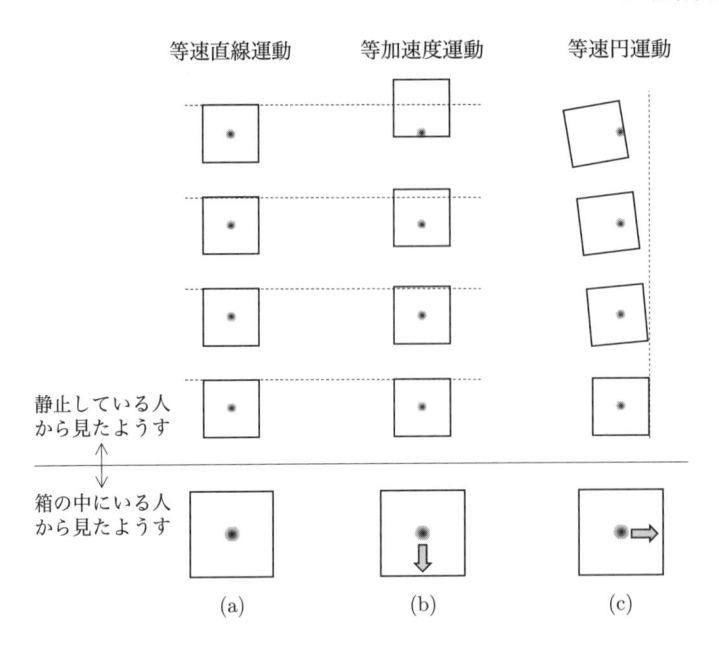

図 8.4　下から上へ等速直線運動している物体を箱に乗って観察する。(a) 箱が等速直線運動している場合，物体に力がはたらいていないように見える。(b) 箱が等加速度運動している場合，物体は加速度と反対向きに力を受けているように見える。(c) 箱が等速円運動している場合，物体に遠心力がはたらいているようにみえる。

Memo

もし無重力を体験したければ，慣性力が重力を打ち消すような状況をつくればよい。ワイヤーが切れてブレーキもきかない状態のエレベーターは重力加速度で下向きに落下する。その際，中にいる人は重力と同じ大きさで正反対の向きの慣性力を受けるので，事実上無重力状態になる。(この状況は命と引き換えになるかもしれないが。)

もう少し安全に無重力を体験したければ，無重力実験用の飛行機に乗るのがよい。このような飛行機では，訓練されたパイロットが，飛行機自体が重力加速度で放物運動するように操縦する（図 8.5）。飛行機に乗っている人は重力を完全に打ち消す慣性力を受けるので無重力状態を体験できる。ただし，この無重力状態もわずか数秒だけしか続かない。

もっと長時間無重力状態を体験できるのが，宇宙ステーションである。宇宙ステーションは地球のまわりを等速円運動している。宇宙ステーション内では，地球からの万有引力が遠心力により打ち消されている。

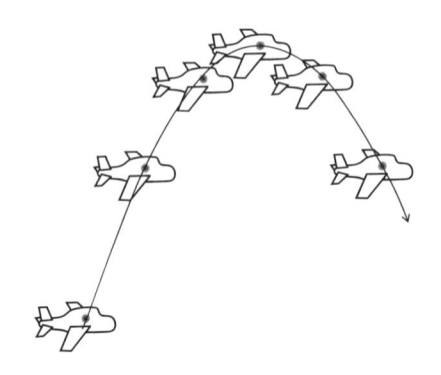

図 8.5　重力加速度で放物運動する飛行機の中では，物体には重力がはたらいていないようにみえる。

8.5 回転座標系

次に，回転する円盤に乗っている観測者から見た物体の運動を考えてみよう。静止系での座標軸を xyz 軸とする。z 軸を回転軸とし角速度 ω で回転する系 (**回転座標系**) に固定された座標軸を XYZ 軸とする。

x 軸，y 軸，z 軸方向の単位ベクトルをそれぞれ $\vec{e}_x, \vec{e}_y, \vec{e}_z$ とおき，X 軸，Y 軸，Z 軸方向の単位ベクトルをそれぞれ $\vec{e}_X, \vec{e}_Y, \vec{e}_Z$ とおく。このとき，同じ位置ベクトル $\vec{r}$ を，静止系では

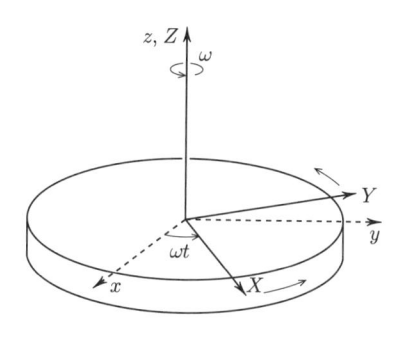

図 8.6 回転座標系

$$\vec{r} = x\vec{e}_x + y\vec{e}_y + z\vec{e}_z \tag{8.12}$$

と表し，回転座標系では

$$\vec{r} = X\vec{e}_X + Y\vec{e}_Y + Z\vec{e}_Z \tag{8.13}$$

と表す。単位ベクトルどうしの関係は

$$\begin{cases} \vec{e}_X = \cos\omega t \cdot \vec{e}_x + \sin\omega t \cdot \vec{e}_y \\ \vec{e}_Y = -\sin\omega t \cdot \vec{e}_x + \cos\omega t \cdot \vec{e}_y \\ \vec{e}_Z = \vec{e}_z \end{cases} \tag{8.14}$$

となる。これらを時刻 t で微分すると，

$$\begin{cases} \dot{\vec{e}}_X = -\omega\sin\omega t \cdot \vec{e}_x + \omega\cos\omega t \cdot \vec{e}_y = \omega\vec{e}_Y \\ \dot{\vec{e}}_Y = -\omega\cos\omega t \cdot \vec{e}_x - \omega\sin\omega t \cdot \vec{e}_y = -\omega\vec{e}_X \\ \dot{\vec{e}}_Z = 0 \end{cases} \tag{8.15}$$

となる。これらをさらに時刻 t で微分すると，

$$\begin{cases} \ddot{\vec{e}}_X = -\omega^2 \vec{e}_X \\ \ddot{\vec{e}}_Y = -\omega^2 \vec{e}_Y \\ \ddot{\vec{e}}_Z = 0 \end{cases} \tag{8.16}$$

次に，速度 $\dot{\vec{r}}$ を X, Y, Z を用いて表すと，

$$\dot{\vec{r}} = \dot{X}\vec{e}_X + \dot{Y}\vec{e}_Y + X\dot{\vec{e}}_X + Y\dot{\vec{e}}_Y + \dot{Z}\vec{e}_Z \tag{8.17}$$

となる。これを時刻 t で微分して加速度を求めると，

$$\ddot{\vec{r}} = \ddot{X}\vec{e}_X + \ddot{Y}\vec{e}_Y + 2\dot{X}\dot{\vec{e}}_X + 2\dot{Y}\dot{\vec{e}}_Y + X\ddot{\vec{e}}_X + Y\ddot{\vec{e}}_Y + \ddot{Z}\vec{e}_Z \tag{8.18}$$

となる。これに式 (8.15) および式 (8.16) を代入すると，加速度は

$$\ddot{\vec{r}} = (\ddot{X} - \omega^2 X - 2\omega\dot{Y})\vec{e}_X + (\ddot{Y} - \omega^2 Y + 2\omega\dot{X})\vec{e}_Y + \ddot{Z}\vec{e}_Z \tag{8.19}$$

と表される。位置 $\vec{r}$ にある質量 m の質点にはたらく外力を

$$\vec{F} = F_X \vec{e}_X + F_Y \vec{e}_Y + F_Z \vec{e}_Z$$

とすると，運動方程式 $m\ddot{\vec{r}} = \vec{F}$ の $\vec{e}_X, \vec{e}_Y, \vec{e}_Z$ 方向の各成分は

$$m\ddot{X} = F_X + m\omega^2 X + 2m\omega \dot{Y}$$
$$m\ddot{Y} = F_Y + m\omega^2 Y - 2m\omega \dot{X} \quad (8.20)$$
$$m\ddot{Z} = F_Z$$

と表すことができる。$\vec{R} = (X, Y, Z)$, $\dot{\vec{R}} = (\dot{X}, \dot{Y}, \dot{Z})$, $\ddot{\vec{R}} = (\ddot{X}, \ddot{Y}, \ddot{Z})$ と定義すると，これらは回転座標系にいる人が (自分が静止していると思い込んで) 観測する物体の位置，速度，加速度を表したものといえる。$\vec{R}_\perp = (X, Y, 0)$, $\vec{\omega} = (0, 0, \omega)$ を用いると，式 (8.20) は

$$m\ddot{\vec{R}} = \vec{F} + m\omega^2 \vec{R}_\perp + 2m\dot{\vec{R}} \times \vec{\omega} \quad (8.21)$$

と表される。これは運動方程式の形をしているので，右辺は回転座標系にいる人が観測する力である。このうち第2項と第3項は回転座標系にいる人だけが観測する慣性力である。第2項は物体を回転軸から遠ざける向きにはたらく遠心力を表す。第3項は物体のみかけの速度に対して垂直にはたらく力で，**コリオリ力**とよばれる。

コリオリ力が発生する理由を考えるため，回転する円盤上でのキャッチボールを想像してみよう (図8.7)。ピッチャーがキャッチャーめがけてボールを投げると，ボールは (静止系から見た) 等速直線運動を行うため，投げた瞬間にキャッチャーがいた場所に到

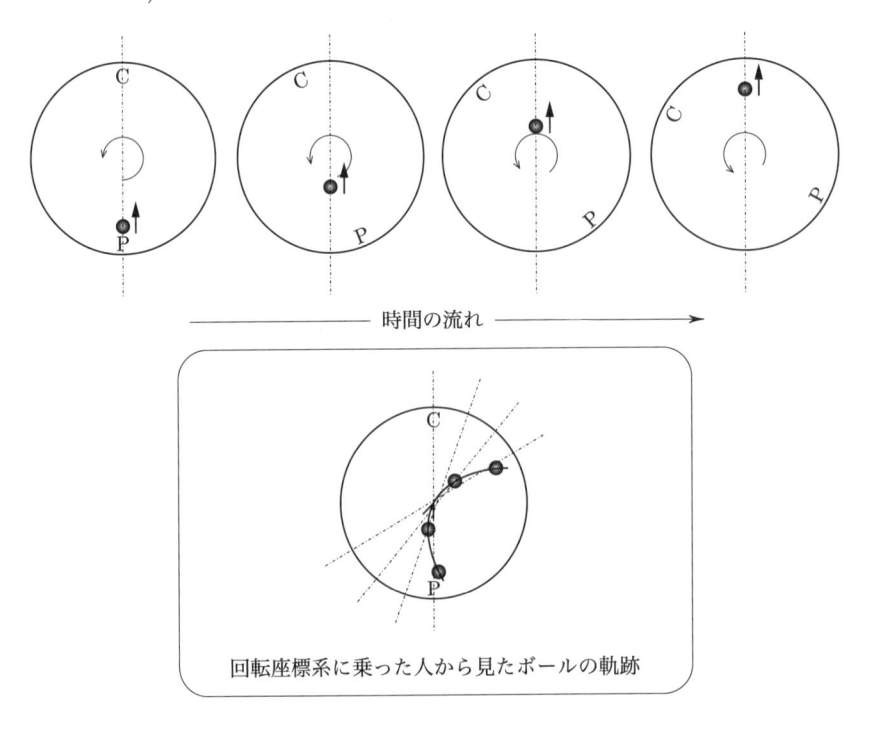

図8.7 コリオリ力によるボールのカーブ。Pはピッチャー，Cはキャッチャーの位置を示す。上段は静止系から眺めた図。

達するころにはキャッチャーはすでにその場所にはいない。この様子を円盤上で観測すると、ピッチャーは直球を投げたつもりでも、ボールがカーブしているように見える。このカーブの原因となるみかけの力がコリオリ力である。

---- Memo ----
台風は北半球では必ず反時計回りに渦を巻いている。一方、南半球で発生した台風は時計回りに渦を巻く。これはコリオリ力で説明することができる。北半球で風が吹くと、コリオリ力は必ず進行方向を右にずらすはたらきをもつ。台風の中心にある低気圧に周囲から風が吹き込む場合、いずれも右にそれるため、低気圧の中心に反時計回りの渦が形成されるのである。

練習問題 8

8.1 自動車のチャイルドシートのパンフレットに「お母さんが赤ちゃんを抱っこした状態で事故にあうと、瞬間的に赤ちゃんの体重は30倍にもなります。」と書いてあった。次のような事故を想定し、この意味を考えてみよう。
　速さ17 m/s (時速61 km) で走っていた自動車が壁に激突し、ボンネットがつぶれて静止した。ボンネットは衝突により50 cm短くなった。衝突によりボンネット以外はつぶれないものとする。
　(a) 衝突が等加速度運動だと考えたとき、衝突の間の車の加速度の大きさを求めなさい。
　(b) 赤ちゃんの質量を5 kg、重力加速度を9.8 m/s^{2}とする。お母さんが普通の状況で赤ちゃんを抱いているときに腕にかかる重力の大きさを求めなさい。
　(c) 車に乗っている人は、事故で車が急停止する際に進行方向に慣性力を受ける。赤ちゃんにかかる慣性力の大きさを計算し、何kgの物体の重力に相当するか考察しなさい。

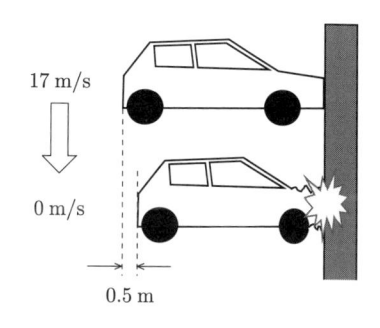

図 8.8

8.2 鉄道が曲線区間を通過する際に、車体および乗客は遠心力を受けて外側に引っぱられる。車体の安定と乗客の乗り心地のため、曲線区間では車体が内側に傾くように線路が敷かれている。この傾きの角度 θ (カント角という) をどのように設計したらよいだろうか。カーブを半径160 mの円の一部とし、列車の速さが36 km/hであるとき、乗客がよろけないために最適なカント角を求めなさい。

8.3 赤道にいる人は、地球の自転による遠心力を受けているはずである。この遠心力の大きさを計算し、重力と比較しなさい。ただし、赤道における地球の半径を 6.38×10^6 mとする。

8.4 北極でピッチャーが質量0.15 kgの野球のボールを投げる。ボールの速さが40 m/sの場合にボールにはたらくコリオリ力の大きさと向きを計算しなさい。また、10秒間で1回転するメリーゴーラウンドの円盤で同様にボールを投げた場合にはたらくコリオリ力の大きさを求めなさい。

9

総合演習

この章では，いままで学んだ知識を総動員させて力学のさまざまな問題を解いてみよう。計算が多少ハードな問題，複数の章にまたがる知識が必要になる問題，さまざまなアプローチで解くことができる問題などを用意してある。

問 9.1 ばねとの衝突による力積

右図のように，ばね定数 k のばねの左端が壁に固定され，右端には質量が無視できる板が取り付けられている。ばねは最初は自然長とする。いま，速さ v で左向きに運動している質量 m の物体が板に垂直に衝突した。衝突直後に板は物体と同じ速度で運動し，ばねが縮んだ後に再び自然長までもどると物体は板を離れて右向きに飛んでいった。重力や空気抵抗は無視できるものとして，以下の問いに答えなさい。

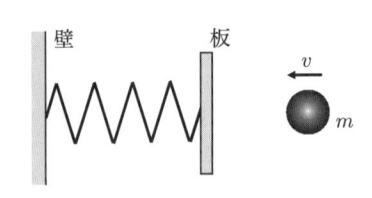

(1) 横軸に時刻，縦軸に物体が板から受ける力の大きさをとり，グラフにしなさい。
(2) 物体が板から受けた力積を，力を時刻で積分することにより求めなさい。
(3) 力積が物体の運動量の変化に等しいことを示しなさい。

問 9.2 第一宇宙速度と第二宇宙速度

地球の半径を R，地上における重力加速度の大きさを g として，以下の問いに答えなさい。ただし，摩擦や空気抵抗はないものとする。

(1) 物体が地面すれすれを飛行して地球のまわりを円運動し続けるために必要な速さ (これを**第一宇宙速度**という) を求めなさい。
(2) ロケットが地球から無限遠まで遠ざかることができるために最小限必要な初速度の大きさ (これを**第二宇宙速度**という) を求めなさい。

9. 総合演習

問 9.3　宙返りジェットコースター

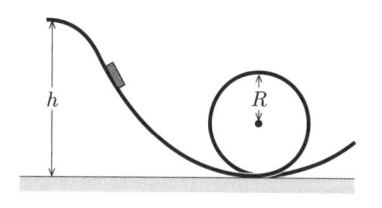

右図のように，半径 R のループを含むコースを走行する宙返りジェットコースターがある。ジェットコースターとレールの間には垂直抗力のみがはたらいているものとする。ジェットコースターがレールから落下しないためには，スタート地点の高さ h は最低どれくらいでなければならないかを求めなさい。なお，摩擦や空気抵抗は無視できるものとする。

問 9.4　減衰振動おける抵抗力の仕事

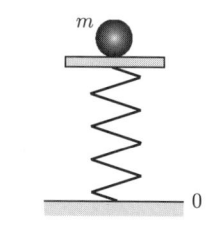

右図のように，自然長 l，ばね定数 k のばねが縦に置かれている。ばねの下部は高さ 0 の地面に固定され，上部には厚みと質量が無視できる板がついている。板の上に質量 m の物体を静かにのせると，ばねは振動をはじめた。

(1) 摩擦や抵抗力がない場合，ばねがもっとも縮んだ瞬間の物体の高さを求めなさい。

(2) 速度に比例する抵抗力がある場合，十分に時間が経った後の物体の高さ，それまでの間に抵抗力がした仕事を求めなさい。

問 9.5　強制振動に必要な仕事

3.7 節で説明した問題設定のもとで，ばねの復元力 (ばね定数 k) と速度に比例した抵抗力 (比例係数 b) をうける質量 m の物体を強制的に振動させる場合に，外力がする平均の仕事率を求めなさい。なお，外力とは物体がついていない側のばねの端を振幅 X，角振動数 Ω で振動させ続けるために加える力のことである。

問 9.6　空気抵抗がある場合の落下

昔の人はなぜ重い物ほど速く落ちると考えたのだろうか。空気抵抗がある場合，空のピンポン玉と砂を詰めたピンポン玉はどちらが速く下に落ちるかを考察しなさい。なお，空気による抵抗力は速さに比例し，その比例係数はピンポン玉の外形や材質のみに依存するものとする。さらに，空のピンポン玉と砂を詰めたピンポン玉を糸で結んだ場合の落下の速さはどうなるかを考察しなさい。

問 9.7　円すいや放物面の内側を滑る物体の円運動

(1) 鉛直上向きに y 軸をとる。関数 $y = |x|$ を y 軸のまわりに回転させて得られる円錐の内側を物体が滑って，水平面内を等速円運動している。物体の高さと速さの関係，ポテンシャルエネルギーと運動エネルギーの関係を求めなさい。ただし，摩擦や空気抵抗は無視する。

(2) 関数 $y = x^2$ を y 軸のまわりに回転させて得られる放物面の内側を滑る物体が，水平面内を等速円運動している場合について，高さと速さの関係，ポテンシャルエネルギーと運動エネルギーの関係を求めなさい。ただし，摩擦や空気抵抗は無視する。

問 9.8　斜面と摩擦

右図のように質量 m_1 の物体 A と m_2 の物体 B が滑車を経由して糸で結ばれている。物体 A は傾斜角 θ の斜面に置かれており，物体 A と斜面の間の静止摩擦係数を μ_s，動摩擦係数を μ_k とする。物体 B は滑車から糸でぶら下がっている。重力加速度の大きさを g として，以下の問いに答えなさい。ただし，空気抵抗はないものとする。

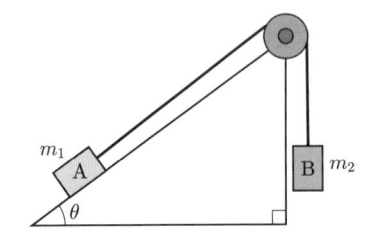

(1) 物体が静止し続けるためには，m_2 の質量はどのような範囲でなければならないかを計算しなさい。

(2) m_2 が上で求めた上限を超えると物体が動き出した。加速度の大きさ a を求めなさい。

問 9.9　半球状の山の斜面を滑る物体

半径 R の半球を伏せた形のなめらかな山がある。山の頂上からごくわずかにずれた場所から初速度 0 で質点を滑らせたところ，初めのうち質点は斜面を滑っていったが，途中から斜面を離れて飛んでいった。質点が斜面から離れる瞬間の地面からの高さを求めなさい。ただし，摩擦および空気抵抗は無視できるものとする。

問 9.10　多数の粒子と的の衝突

右図のようにばねに板の的がついており，この板にたくさんの小石をぶつけ続ける。小石の速度と板の向きは互いに垂直とし，小石 1 個の質量を m，単位時間当たりにぶつかる小石の数を n，小石の速さを v，反発係数を e する。ばねの縮みの平均値を求めなさい。

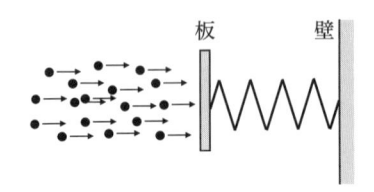

9. 総合演習

問 9.11　2つの小球と壁の衝突

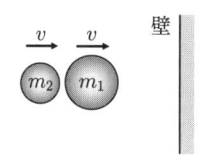

右図のように，質量 m_1 の小球1と質量 m_2 の小球2が，わずかに隙間をあけながら速さ v で運動し，壁に垂直にぶつかった。その後の運動について考察しなさい。また，最初に2つの球がもっていたエネルギーが，衝突後にすべて小球2の運動エネルギーに変わるようにするには m_1 と m_2 の比をどのようにするのがよいか。ただし，小球と壁，小球どうしは弾性衝突し，重力や空気抵抗はないものとする。

問 9.12　ばねで結ばれた質点系の床への衝突

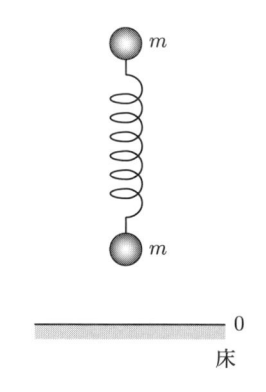

質量 m の2つの質点がばね定数 k のばねで結びつけられている質点系を考える。最初にばねは自然長の状態で，その場合の質点間の距離を l とする。この質点系を重心の高さが $h + \frac{1}{2}l$ の場所から縦向きに床に落下させたところ，床ではねかえった後に上昇していった。その後に重心が到達する高さの最大値を求めなさい。ただし，床の高さを0とする。なお，下の質点と床は完全非弾性衝突するが，それらの垂直抗力が負になることはないものとする。

問 9.13　大きな球による万有引力

ニュートンは万有引力の法則を導くにあたり，地球の質量が中心に集中していると単純化した。しかし，実際は地球は球状の物体であり，質量は全体に分散しているはずである。ニュートンの単純化は正しいか，体積積分を用いて考察しなさい。

問 9.14　棒の重心を求める方法

重心の位置がわからない棒がある。右図のように棒の両端の下に台を置き，それらを内側に向かってゆっくり動かしていった。このとき，2つの台は必ず棒の重心で出会うことを示しなさい。ただし，棒と台の間の静止摩擦係数と動摩擦係数をそれぞれ $\mu_\mathrm{s}, \mu_\mathrm{k}$ とし，$\mu_\mathrm{s} > \mu_\mathrm{k}$ であるとする。

問 9.15　立方体の対角軸のまわりの慣性モーメント

一辺の長さが a の一様な立方体がある。この立方体の対角軸のまわりの慣性モーメントを計算しなさい。ただし，立方体の質量を M とする。

A
物理で使う数学

A.1 ベクトル

大きさと向きをもった量を**ベクトル**といい，矢印を用いて図示する。それに対し，大きさのみをもった量を**スカラー**という。ベクトルを表す変数は，$\vec{v}$ のように矢印をつけて表したり，$\boldsymbol{v}$ のように太字で表したりする。また，始点が P，終点が Q のようなベクトルを $\overrightarrow{PQ}$ のように表すこともできる。

(1) ベクトルの和と差

3つの点 P, Q, R がある。このとき，ベクトルの和を以下のように定義する。

$$\overrightarrow{PQ} + \overrightarrow{QR} = \overrightarrow{PR} \qquad (A.1)$$

つまり，1つ目のベクトルの終点に2つ目のベクトルの始点がくるように描いたとき，1つ目のベクトルの始点から2つ目のベクトルの終点に向かうベクトルが，2つのベクトルの和である。

式 (A.1) を移項することにより，ベクトルの差を以下のように定義できる。

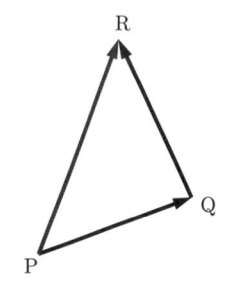

図 A.1 ベクトルの和と差

$$\overrightarrow{PR} - \overrightarrow{PQ} = \overrightarrow{QR} \qquad (A.2)$$

つまり，ベクトルの差を作図で求めるには，2つのベクトルの始点をそろえて描き，引くベクトルの終点から引かれるベクトルの終点へ向かうベクトルを作成すればよい。

(2) ベクトルの絶対値

ベクトル $\vec{v}$ の大きさをベクトルの**絶対値**といい，$|\vec{v}|$ と表す。

(3) ベクトルとスカラーの積

同じベクトル $\vec{v}$ をたした $\vec{v} + \vec{v}$ は，$\vec{v}$ と向きが同じで大きさが倍になったベクトルで

ある。これを，スカラーのかけ算の定義と同様に，

$$\vec{v} + \vec{v} = 2\vec{v} \tag{A.3}$$

と書くことにする。この定義によれば，ベクトル $\vec{v}$ にスカラー k をかけたものは，$k > 0$ の場合は $\vec{v}$ と向きが同じで，大きさが k 倍になったベクトルである。ただし $k < 0$ の場合は，向きが正反対で大きさが $|k|$ 倍のベクトルを意味する。ベクトルとスカラーの積は，分配法則

$$k(\vec{u} + \vec{v}) = k\vec{u} + k\vec{v} \tag{A.4}$$

と交換法則

$$k\vec{v} = \vec{v}k \tag{A.5}$$

をみたす。

(4) 線形結合，線形従属，線形独立

複数のベクトルをそれぞれスカラー倍してたしあわせたものを，それらのベクトルの**線形結合**という。たとえば，ベクトル $\vec{u}$ とベクトル $\vec{v}$ の線形結合は任意の実数 k, l を用いて $k\vec{u} + l\vec{v}$ と書くことができる。

いくつかのベクトルがあるとする。その中の一つが他のベクトルの線形結合で表すことができる場合，それらのベクトルは互いに**線形従属**であるという。一方，それぞれのベクトルがその他のベクトルの線形結合で表すことができない場合，それらのベクトルは互いに**線形独立**であるという。たとえば，2つの平行なベクトルがある。その場合，一方のベクトルは他方のスカラー倍で表すことができるので，これらは互いに線形従属である。一方，互いに平行でない場合は，これらは互いに線形独立である。次に，2つの線形独立なベクトルに，さらにもう一つのベクトルを加えてみよう。もしこれら3つのベクトルが同一平面上にのっているならこれらは互いに線形従属である。もし3つ目のベクトルが残り2つのベクトルがつくる平面にのっていないなら，これらは互いに線形独立である。

(5) 基　底

任意のベクトルを，できるだけ少数の基本的なベクトルの線形結合で表すことを考えてみよう。これらの基本的なベクトルを**基底**という。基底は互いに線形独立でなければならない。なぜなら，ある基底が別の基底の線形結合で表せるのであれば，そのような基底は必要ないからである。基底の選び方は一通りでないが，長さが1のベクトル（これを**単位ベクトル**という）で，基底どうしは互いに直交しているように選ぶのが一般的である。たとえば3次元空間ならば，x 軸方向の単位ベクトル $\vec{e}_x$，y 軸方向の単位ベクトル $\vec{e}_y$，z 軸方向の単位ベクトル $\vec{e}_z$ を基底として選べばよい。

A.1 ベクトル

(6) ベクトルの成分表示

基底を用いると，任意のベクトルを

$$\vec{v} = x\vec{e}_x + y\vec{e}_y + z\vec{e}_z$$

のように表すことができる。これを (x, y, z) のように表現したものをベクトルの**成分表示**という。

(7) ベクトルの内積

ベクトルどうしのかけ算のひとつに**内積**がある。2つのベクトル $\vec{A}$ と $\vec{B}$ の内積を $\vec{A} \cdot \vec{B}$ と書き，以下のように定義する。

$$\vec{A} \cdot \vec{B} \equiv |\vec{A}||\vec{B}| \cos\theta \tag{A.6}$$

ここで，θ は2つのベクトルのなす角である。定義からわかるように，ベクトルの内積は向きをもたないスカラーなので，内積のことを**スカラー積**とよぶこともある。自分自身との内積を計算すると $\vec{A} \cdot \vec{A} = |\vec{A}|^2$ となり，大きさの2乗になる。定義から，内積は交換法則

$$\vec{A} \cdot \vec{B} = \vec{B} \cdot \vec{A} \tag{A.7}$$

をみたすことがわかる。さらに，

$$\vec{A} \cdot (\vec{B} + \vec{C}) = \vec{A} \cdot \vec{B} + \vec{A} \cdot \vec{C} \tag{A.8}$$

という分配法則が成り立つことが知られている。

(8) 内積の成分表示

ベクトル $\vec{A}$ を成分表示で (A_x, A_y, A_z)，ベクトル $\vec{B}$ を成分表示で (B_x, B_y, B_z) と書くことにする。このとき，これらの内積 $\vec{A} \cdot \vec{B}$ は

$$(A_x\vec{e}_x + A_y\vec{e}_y + A_z\vec{e}_z) \cdot (B_x\vec{e}_x + B_y\vec{e}_y + B_z\vec{e}_z) \tag{A.9}$$

である。分配法則を用いて展開すると，これは

$$A_x B_x \vec{e}_x \cdot \vec{e}_x + A_x B_y \vec{e}_x \cdot \vec{e}_y + A_x B_z \vec{e}_x \cdot \vec{e}_z +$$
$$A_y B_x \vec{e}_y \cdot \vec{e}_x + A_y B_y \vec{e}_y \cdot \vec{e}_y + A_y B_z \vec{e}_y \cdot \vec{e}_z +$$
$$A_z B_x \vec{e}_z \cdot \vec{e}_x + A_z B_y \vec{e}_z \cdot \vec{e}_y + A_z B_z \vec{e}_z \cdot \vec{e}_z \tag{A.10}$$

となる。ここで，基底の性質

$$\begin{aligned} \vec{e}_x \cdot \vec{e}_x &= 1, & \vec{e}_x \cdot \vec{e}_y &= 0, & \vec{e}_x \cdot \vec{e}_z &= 0 \\ \vec{e}_y \cdot \vec{e}_x &= 0, & \vec{e}_y \cdot \vec{e}_y &= 1, & \vec{e}_y \cdot \vec{e}_z &= 0 \\ \vec{e}_z \cdot \vec{e}_x &= 0, & \vec{e}_z \cdot \vec{e}_y &= 0, & \vec{e}_z \cdot \vec{e}_z &= 1 \end{aligned} \tag{A.11}$$

を用いると，ベクトルの内積は成分で，

$$\vec{A} \cdot \vec{B} = A_x B_x + A_y B_y + A_z B_z \tag{A.12}$$

と表すことができる。

(9) ベクトルの外積

ベクトルどうしの積としては，内積の他に外積がある。ベクトル $\vec{A}$ とベクトル $\vec{B}$ の外積を $\vec{A} \times \vec{B}$ と書く。$\vec{A} \times \vec{B}$ の向きは，$\vec{A}$ と $\vec{B}$ のどちらにも垂直であり，$\vec{A}$ の向きから $\vec{B}$ の向きへとねじを回転 (ただし回転角は 180° 以下とする) させた場合にねじが進む向きとする (**右ねじの法則**)。また，外積の大きさは，$\vec{A}$ と $\vec{B}$ を 2 辺とする平行四辺形の面積とする。2 つのベクトルのなす角を θ とすると，

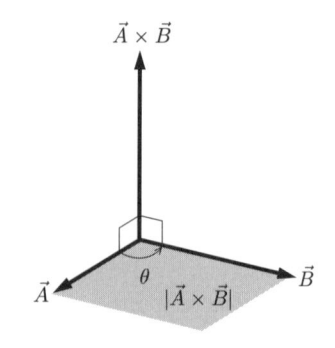

$$|\vec{A} \times \vec{B}| \equiv |\vec{A}||\vec{B}|\sin\theta \qquad (A.13)$$

図 A.2 ベクトルの外積

である。外積は向きをもつベクトルなので，外積のことをベクトル積とよぶこともある。自分自身との外積を計算すると，互いになす角が 0 なので，$\vec{A} \times \vec{A} = 0$ となる。

定義から，外積に関しては交換法則は成立せず，

$$\vec{A} \times \vec{B} = -\vec{B} \times \vec{A} \qquad (A.14)$$

が成り立つことがわかる。また，2 つのベクトルが平行の場合は，外積は 0 である。外積は，分配法則

$$\vec{A} \times (\vec{B} + \vec{C}) = \vec{A} \times \vec{B} + \vec{A} \times \vec{C} \qquad (A.15)$$

をみたすことがわかっている。

(10) 外積の成分表示

基底ベクトルどうしの外積は，定義から以下のような簡単な関係があることがわかる。

$$\vec{e}_x \times \vec{e}_x = 0, \qquad \vec{e}_x \times \vec{e}_y = \vec{e}_z, \qquad \vec{e}_x \times \vec{e}_z = -\vec{e}_y$$
$$\vec{e}_y \times \vec{e}_x = -\vec{e}_z, \qquad \vec{e}_y \times \vec{e}_y = 0, \qquad \vec{e}_y \times \vec{e}_z = \vec{e}_x$$
$$\vec{e}_z \times \vec{e}_x = \vec{e}_y, \qquad \vec{e}_z \times \vec{e}_y = -\vec{e}_x, \qquad \vec{e}_z \times \vec{e}_z = 0 \qquad (A.16)$$

これらの関係を用いて外積

$$\vec{A} \times \vec{B} = (A_x\vec{e}_x + A_y\vec{e}_y + A_z\vec{e}_z) \times (B_x\vec{e}_x + B_y\vec{e}_y + B_z\vec{e}_z) \qquad (A.17)$$

を整理すると，

$$\vec{A} \times \vec{B} = (A_yB_z - A_zB_y)\vec{e}_x + (A_zB_x - A_xB_z)\vec{e}_y + (A_xB_y - A_yB_x)\vec{e}_z \qquad (A.18)$$

となる。つまり，外積を成分表示すると，

$$\vec{A} \times \vec{B} = (A_yB_z - A_zB_y,\ A_zB_x - A_xB_z,\ A_xB_y - A_yB_x) \qquad (A.19)$$

となる。

A.2　テイラー展開とオイラーの公式

(1)　テイラー展開の基礎

x に関する多項式

$$f(x) = c_0 + c_1 x + c_2 x^2 + c_3 x^3 + c_4 x^4 + \cdots \tag{A.20}$$

を考える。この式で $x = 0$ とおくと，$f(0) = c_0$ なので，定数項 c_0 は

$$c_0 = f(0) \tag{A.21}$$

と表される。式 (A.20) を x で微分すると，

$$f'(x) = c_1 + 2c_2 x + 3c_3 x^2 + 4c_4 x^3 + 5c_5 x^4 + \cdots \tag{A.22}$$

となる。この式で $x = 0$ とおくと，$f'(0) = c_1$ なので，$f(x)$ の 1 次の項の係数 c_1 は

$$c_1 = f'(0) \tag{A.23}$$

と表される。さらに，式 (A.22) を x で微分すると，

$$f''(x) = 2c_2 + 3 \times 2c_3 x + 4 \times 3c_4 x^2 + 5 \times 4c_5 x^3 + \cdots \tag{A.24}$$

となる。この式で $x = 0$ とおくと，$f''(0) = 2c_2$ なので，$f(x)$ の 2 次の項の係数 c_2 は

$$c_2 = \frac{1}{2} f''(0) \tag{A.25}$$

と求まる。同様の計算を繰り返していくと，

$$c_3 = \frac{1}{3 \times 2 \times 1} f^{(3)}(0), \quad c_4 = \frac{1}{4 \times 3 \times 2 \times 1} f^{(4)}(0), \quad \cdots \tag{A.26}$$

となり，一般に

$$c_n = \frac{1}{n!} f^{(n)}(0) \tag{A.27}$$

が成り立っていることがわかる。ここで，$f(x)$ を x で n 階微分した関数を $f^{(n)}(x)$ と表した。この性質を用いると，任意の多項式は

$$f(x) = \sum_{n=0}^{+\infty} \frac{1}{n!} f^{(n)}(0) x^n \tag{A.28}$$

と表すことができる。これを関数 $f(x)$ の $x = 0$ を中心とした**テイラー展開**という。この計算が画期的なのは，関数 $f(x)$ およびその n 次の導関数 $f^{(n)}(x)$ の $x = 0$ における が値が与えられるだけで，$x \neq 0$ における関数の値もすべてわかってしまうことである。

テイラー展開は $x = 0$ を中心としたものだけに限らない，たとえば $x = a$ を中心としたテイラー展開は

$$f(x) = \sum_{n=0}^{+\infty} \frac{1}{n!} f^{(n)}(a) (x-a)^n \tag{A.29}$$

となる。

(2) 指数関数のテイラー展開

よほど簡単な場合を除き，指数関数 $f(x) = e^x$ の値を具体的に計算するには，パソコンや関数電卓に頼るしかない。しかし，コンピュータの演算素子といえども，基本的には四則演算 (たし算，ひき算，かけ算，割り算) などの単純な計算を組み合わせているはずである。指数関数を四則演算を使って表すのに，テイラー展開が役に立つ。指数関数 e^x を x の多項式

$$f(x) = \sum_{n=0}^{+\infty} c_n x^n \tag{A.30}$$

で表すことができるものと仮定し，テイラー展開の考え方から係数 c_n を求めてみよう。指数関数 $f(x) = e^x$ は何回微分しても形が変わらない性質

$$f^{(n)}(x) = e^x \tag{A.31}$$

があるので，$f^{(n)}(0) = 1$ である。これを式 (A.28) に代入すると，

$$\begin{aligned} e^x &= \sum_{n=0}^{+\infty} \frac{1}{n!} x^n \\ &= 1 + x + \frac{1}{2!}x^2 + \frac{1}{3!}x^3 + \cdots \end{aligned} \tag{A.32}$$

となる。

(3) 三角関数のテイラー展開

$\sin x$ が x の多項式で表されるものと考え，$x=0$ を中心としたテイラー展開を求めてみよう。ここで，$(\sin x)' = \cos x$, $(\cos x)' = -\sin x$ などの公式を用い，$\sin 0 = 0$, $\cos 0 = 1$ に注意すると，

$$\sin x = x - \frac{1}{3!}x^3 + \frac{1}{5!}x^5 - \frac{1}{7!}x^7 + \cdots \tag{A.33}$$

同様に，$\cos x$ の $x=0$ を中心としたテイラー展開は

$$\cos x = 1 - \frac{1}{2!}x^2 + \frac{1}{4!}x^4 - \frac{1}{6!}x^6 + \cdots \tag{A.34}$$

となる。このように三角関数は x の無限級数であるが，ある次数より大きい次数の項を無視すると，近似式ができる。たとえば，よく使われる近似式として，

$$\sin x \approx x \tag{A.35}$$

$$\cos x \approx 1 - \frac{1}{2}x^2 \tag{A.36}$$

などがある。近似式は $|x|$ が 0 に近いほど正確になる。より高次の項まで取り入れるほど近似の精度が上がり，$|x|$ が大きい場合でも正確な値に近づく。例として，$\sin x$ のテイラー展開による近似式のグラフを図 A.3 に示す。近似の精度が上がるにつれて，$\sin x$ 特有の振動する挙動がうまく再現できていることがわかる。

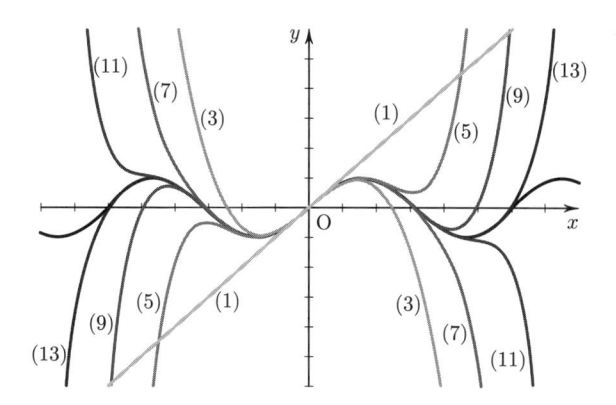

図 **A.3** 関数 $y = \sin x$ のテイラー展開による近似式のグラフ。括弧内の数字 n は近似式の次数を表す。

(4) オイラーの公式

テイラー展開の式 (A.29) は，x が実数の場合だけでなく，複素数の場合でも成り立つ。そこで，試しに指数関数のテイラー展開に虚数を代入してみよう。式 (A.32) で $x = i\theta$ とおくと，

$$e^{i\theta} = 1 + (i\theta) + \frac{1}{2!}(i\theta)^2 + \frac{1}{3!}(i\theta)^3 + \frac{1}{4!}(i\theta)^4 + \frac{1}{5!}(i\theta)^5 + \frac{1}{6!}(i\theta)^6 + \frac{1}{7!}(i\theta)^7 + \cdots \tag{A.37}$$

となる。ここで i は虚数単位，θ は実数である。この式を実部と虚部に分けて整理すると，

$$\begin{aligned} e^{i\theta} &= \left(1 - \frac{1}{2!}\theta^2 + \frac{1}{4!}\theta^4 - \frac{1}{6!}\theta^6 + \cdots\right) + i\left(\theta - \frac{1}{3!}\theta^3 + \frac{1}{5!}\theta^5 - \frac{1}{7!}\theta^7 + \cdots\right) \\ &= \cos\theta + i\sin\theta \end{aligned} \tag{A.38}$$

となる。この式は，いままでまったく無関係だと思っていた指数関数と三角関数が，複素数の世界では同じ種類の関数であることを示している。この式

$$e^{i\theta} = \cos\theta + i\sin\theta \tag{A.39}$$

をオイラーの公式という。

オイラーの公式を利用すると，ある複素数 z を 2 通りに表すことができる。1 つ目は

$$z = x + iy \tag{A.40}$$

のように，実部と虚部の和に分解する方法である。ここで，x と y は実数で，それぞれ複素数平面上に z を示した場合の x 座標，y 座標に相当する。2 つ目の方法は，2 つの実数 r, θ を用いて

$$z = re^{i\theta} \tag{A.41}$$

のように表す方法である。オイラーの公式より，これは

$$z = r\cos\theta + ir\sin\theta$$

と書くことができるので，r は原点から z までの距離，θ は x 軸と，原点と z を結ぶ線分とのなす角 (**偏角**) を表している。つまり，(r,θ) は複素数平面上での点 z を極座標で表したものと考えてもよい。このとき，

$$\begin{cases} r = \sqrt{x^2+y^2} \\ \tan\theta = \dfrac{y}{x} \end{cases} \tag{A.42}$$

および

$$\begin{cases} x = r\cos\theta \\ y = r\sin\theta \end{cases} \tag{A.43}$$

の関係がある (図 7.2 参照)。

2 つの複素数 $z_1 = r_1 e^{i\theta_1}$, $z_2 = r_2 e^{i\theta_2}$ ($r_1, r_2, \theta_1, \theta_2$ は実数) の積 $z_1 z_2$ を計算してみよう。$z_1 = r_1\cos\theta_1 + ir_1\sin\theta_1$, $z_2 = r_2\cos\theta_2 + ir_2\sin\theta_2$ なので，それらの積は

$$\begin{aligned} z_1 z_2 &= (r_1\cos\theta_1 + ir_1\sin\theta_1)(r_2\cos\theta_2 + ir_2\sin\theta_2) \\ &= r_1 r_2 \{(\cos\theta_1\cos\theta_2 - \sin\theta_1\sin\theta_2) + i(\sin\theta_1\cos\theta_2 + \cos\theta_1\sin\theta_2)\} \end{aligned} \tag{A.44}$$

である。三角関数の加法定理を使うと，これは

$$z_1 z_2 = r_1 r_2 \{\cos(\theta_1+\theta_2) + i\sin(\theta_1+\theta_2)\} = r_1 r_2 e^{i(\theta_1+\theta_2)} \tag{A.45}$$

と書き直せることが示された。実数の指数関数にはもともと

$$r_1 e^{x_1} r_2 e^{x_2} = r_1 r_2 e^{x_1+x_2}$$

という関係があるので，式 (A.45) はそれを複素数に拡張した式といえる。

これを用いると，ド・モアブルの公式

$$(\cos\theta + i\sin\theta)^n = \cos n\theta + i\sin n\theta \tag{A.46}$$

が成り立つことも容易に示される。

A.3 多重積分

(1) デカルト座標における面積積分，体積積分

多重積分の詳しい解説は他書にゆずることにし，ここでは具体的な計算を練習してみよう。まず，横の長さが a, 縦の長さが b の長方形の面積を，積分を用いて求めてみよう。長方形を横の長さが dx, 縦の長さが dy の微小な長方形 (これを**面積要素**という) に分けると，面積要素は $dS = dxdy$ と書くことができる。積分とは微小な面積をたしあわせたものなので，全体の面積は

A.3 多重積分

$$S = \iint dS \tag{A.47}$$

と表すことができる．積分記号を2つ並べたのは，面積に関する積分という意味である．実際，これらの積分記号の一方は変数 x に関する積分，もう一方が変数 y に関する積分を表すので，積分範囲を明記すると，

$$S = \int_0^b \int_0^a dx dy \tag{A.48}$$

となる．ただし，内側の積分記号は内側の積分変数に，外側の積分記号は外側の積分変数に対応させて書く約束になっているので，式 (A.48) は

$$S = \int_0^b \left\{ \int_0^a dx \right\} dy \tag{A.49}$$

という意味である．内側から順番に積分を計算すると，

$$S = \int_0^b a\, dy = a \int_0^b dy = ab \tag{A.50}$$

となる．

同様の考え方により，たとえば位置 (x,y) における微小な面積要素 $dxdy$ の質量が $\rho(x,y)\,dxdy$ で与えられる場合，全体の質量 M は

$$M = \int_0^b \int_0^a \rho(x,y)\, dx dy \tag{A.51}$$

と表すことができる．例として，$\rho(x,y) = x^2 - xy + 5$ の場合にこの積分を実際に計算してみると，

$$\begin{aligned}
M &= \int_0^b \int_0^a (x^2 - xy + 5)\, dx dy \\
&= \int_0^b \int_0^a x^2\, dx dy - \int_0^b \int_0^a xy\, dx dy + \int_0^b \int_0^a 5\, dx dy \\
&= \frac{1}{3}a^3 b - \int_0^b y\, dy \times \int_0^a x\, dx + 5ab \\
&= \frac{1}{3}a^3 b - \frac{1}{4}a^2 b^2 + 5ab
\end{aligned} \tag{A.52}$$

となる．ここでは，積分に関係ない変数を積分の外に追い出すという式変形を行った．

同様の手法を3次元に拡張すれば，体積積分も計算できる．たとえば各辺の長さが a, b, c の直方体の体積は

$$V = \int_0^c \int_0^b \int_0^a dx dy dz = abc \tag{A.53}$$

であり，位置 (x,y,z) における微小な体積要素 $dxdydz$ の質量が $\rho(x,y,z)\,dxdydz$ で与えられる場合の全質量 M は

$$M = \int_0^c \int_0^b \int_0^a \rho(x,y,z)\, dx dy dz \tag{A.54}$$

と表される．

(2) 極座標における面積積分，体積積分

前節のデカルト座標を用いた面積積分は，積分範囲が長方形の場合には問題ないが，たとえば，円の面積を求める場合にはふさわしい方法とはいえない。なぜなら，積分範囲を簡単に書くことができないからである。そこで，位置を極座標 (r,θ) を用いて表すことにし，円を半径方向と角度方向に分割することにする。この中の微小な面積要素は，分割を非常に細かくすると，図のように半径方向に長さ dr，角度方向に長さ $r\,d\theta$ をもつ長方形とみなすことができる。その場合の微小な面積要素の面積は $dS = r\,dr\,d\theta$ となる。円の面積はこれらの和であるので，

$$S = \iint dS = \int_0^{2\pi}\int_0^a r\,dr\,d\theta \quad (A.55)$$

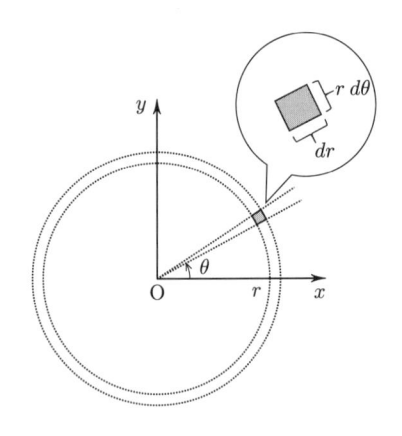

図 A.4 2 次元極座標における微小面積要素

と表すことができる。ここで円の半径を a とおいた。この積分を計算すると，

$$S = \int_0^{2\pi}\left(\frac{1}{2}a^2\right)d\theta = \pi a^2 \quad (A.56)$$

となり，よく知られた円の面積の公式が得られる。

次に，球の体積を求めてみよう。そのためには，3 次元の極座標を用いる必要がある。図 A.5 のように，位置ベクトルの大きさを r，位置ベクトルと z 軸のなす角を θ，位置ベクトルを xy 平面に射影したものと x 軸のなす角を ϕ とする。これらの変数とデカルト座標の成分との関係は

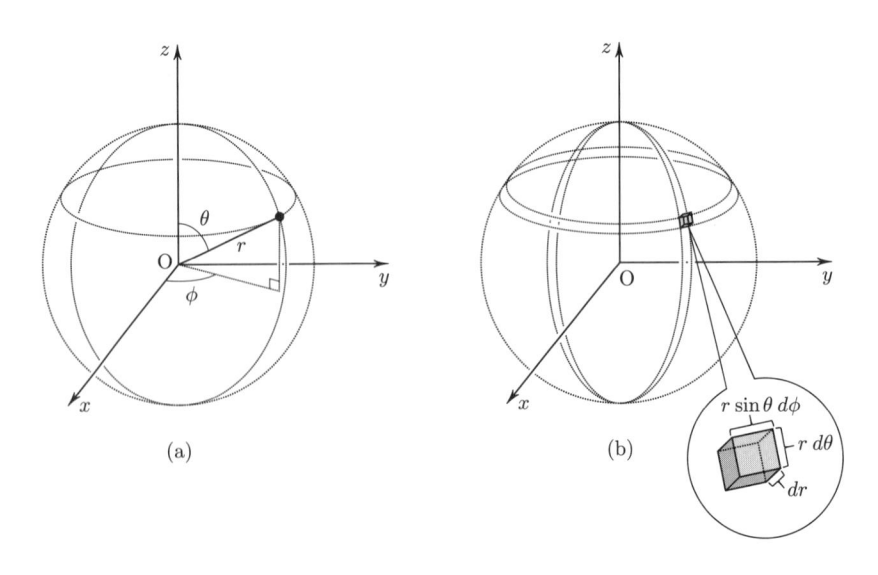

図 A.5 3 次元極座標と微小体積要素

$$\begin{cases} x = r\sin\theta\cos\phi \\ y = r\sin\theta\sin\phi \\ z = r\cos\theta \end{cases} \tag{A.57}$$

である。

ここで，微小な体積要素を取り出すと，各辺の長さがそれぞれ $dr, r\,d\theta, r\sin\theta\,d\phi$ の直方体とみなすことができるので，微小体積要素の体積は $dV = r^2\sin\theta\,drd\theta d\phi$ である。これらをたしあわせて球の体積を求めると

$$V = \iiint dV = \int_0^{2\pi}\int_0^{\pi}\int_0^a r^2\sin\theta\,drd\theta d\phi \tag{A.58}$$

となる。関係ない変数を積分の外に出して整理すると，

$$\begin{aligned} V &= \int_0^{2\pi}d\phi \times \int_0^{\pi}\sin\theta\,d\theta \times \int_0^a r^2 dr \\ &= 2\pi \times \bigl[-\cos\theta\bigr]_0^{\pi} \times \frac{1}{3}a^3 = \frac{4\pi a^3}{3} \end{aligned} \tag{A.59}$$

となり，よく知られた球の体積の公式が得られる。以上のような手法を使えば，たとえば密度が $\rho(r,\theta,\phi)$ で与えられる物体の全質量 M は，式

$$M = \iiint \rho(r,\theta,\phi)r^2\sin\theta\,drd\theta d\phi \tag{A.60}$$

により計算することができる。

A.4 ベクトル場と線積分

(1) ベクトル場

1次元の場合，力 F は x の関数であり $F(x)$ と書くことができた。それでは，3次元の場合，位置に依存する力をどう表したらよいだろうか。力のベクトル $\vec{F}$ は位置 $\vec{r}$ の関数であるので，

$$\vec{F}(\vec{r}) = (F_x(x,y,z), F_y(x,y,z), F_z(x,y,z)) \tag{A.61}$$

となる。右辺のように書くと，たとえば力の x 成分は x だけの関数ではなく，一般には y や z にも依存することがはっきりわかる。このように，ベクトルの大きさや向きが，位置の関数として表されるものを**ベクトル場**という。ベクトル場をイメージするには，はりねずみの毛のように，空間にさまざまな大きさや向きの矢印がちりばめられている状態を想像するとよい (図 4.9 参照)。

簡単のため，2次元の場合を考える。例えば，ベクトル場

$$\vec{F} = (-kx, -ky), \quad \vec{F} = (-ky, kx)$$

を図示すると，それぞれ図 A.6, 図 A.7 のようになる。

図 A.6　$\vec{F} = (-kx, -ky)$

図 A.7　$\vec{F} = (-ky, kx)$

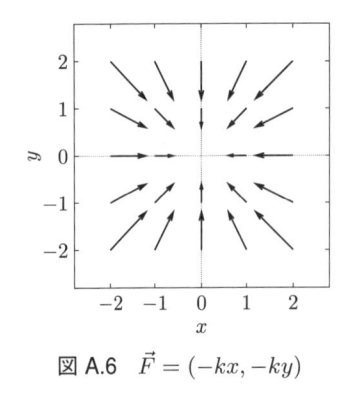

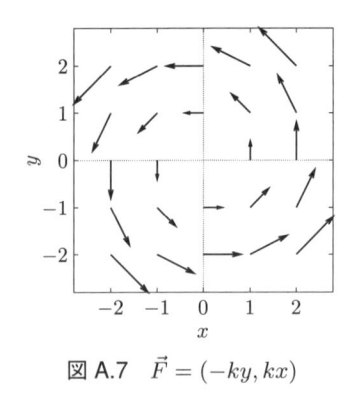

(2) 線積分

あるベクトル場 $\vec{F}$ と微小な変位 $d\vec{r}$ の内積 dW を，ある経路 C にそってたしあわせたものを**線積分**といい，

$$W = \int_C dW = \int_C \vec{F} \cdot d\vec{r} \tag{A.62}$$

と書く。

経路を $\vec{r}(s) = (x(s), y(s), z(s))$ のように**媒介変数**(パラメータともいう) s を用いて表現できる場合，線積分は以下のように表すことができる。

$$\begin{aligned}\int_C \vec{F}(\vec{r}(s)) \cdot d\vec{r} &= \int_{s_0}^{s_1} \vec{F}(\vec{r}(s)) \cdot \frac{d\vec{r}}{ds} ds \\ &= \int_{s_0}^{s_1} \left\{ F_x(s) \frac{dx}{ds} + F_y(s) \frac{dy}{ds} + F_z(s) \frac{dz}{ds} \right\} ds\end{aligned} \tag{A.63}$$

例1　2次元の場合を例にとり，線積分を実際に計算してみよう。積分の経路としては図 A.8 に示した C_1, C_2, C_3 の3通りを考える。まずはベクトル場が $\vec{F} = (F_x, F_y) = (-kx, -ky)$ の場合に，線積分を計算してみよう。

経路 C_1 を縦方向の移動部分 C_{1A} と横方向の移動部分 C_{1B} に分ける。それぞれを媒介変数 s で表すと，C_{1A} の部分は $(x, y) = (1, s)$ (ただし $s: 0 \to 1$)，C_{1B} の部分は $(x, y) = (1-s, 1)$ (ただ

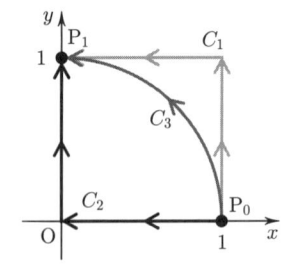

図 A.8　積分経路の例

し $s: 0 \to 1$) となる。経路 C_1 にそった線積分 W_{C_1} は途中の変形で式 (A.63) の考え方を用いると

$$\begin{aligned}W_{C_1} &= \int_{C_1} \vec{F} \cdot d\vec{r} \\ &= \int_{C_{1A}} \vec{F} \cdot d\vec{r} + \int_{C_{1B}} \vec{F} \cdot d\vec{r}\end{aligned}$$

A.4 ベクトル場と線積分

$$\begin{aligned}
&= \int_0^1 \left\{ (-k, -ks) \cdot \left(\frac{d(1)}{ds}, \frac{ds}{ds} \right) \right\} ds \\
&\quad + \int_0^1 \left\{ (-k(1-s), -k) \cdot \left(\frac{d(1-s)}{ds}, \frac{d(1)}{ds} \right) \right\} ds \\
&= \int_0^1 \{(-k, -ks) \cdot (0, 1)\} ds + \int_0^1 \{(-k(1-s), -k) \cdot (-1, 0)\} ds \\
&= \int_0^1 (-ks) \, ds + \int_0^1 k(1-s) \, ds = -\frac{1}{2}k + k - \frac{1}{2}k = 0 \quad (A.64)
\end{aligned}$$

となる。

経路 C_2 についても同様に，最初の横方向の移動部分 C_{2A} と次の縦方向の移動部分 C_{2B} に分けると，媒介変数 s を用いて，C_{2A} の部分は $(x,y) = (1-s, 0)$ (ただし $s : 0 \to 1$)，C_{2B} の部分は $(x,y) = (0, s)$ (ただし $s : 0 \to 1$) と表される。C_1 と同様の計算の結果，

$$W_{C_2} = 0 \quad (A.65)$$

となる。

経路 C_3 は，媒介変数 s により，$(\cos s, \sin s)$ (ただし $s : 0 \to \frac{\pi}{2}$) と表すことができる。

$$\begin{aligned}
W_{C_3} &= \int_{C_3} \vec{F} \cdot d\vec{r} \\
&= -k \int_0^{\frac{\pi}{2}} \left\{ (\cos s, \sin s) \cdot \left(\frac{d(\cos s)}{ds}, \frac{d(\sin s)}{ds} \right) \right\} ds \\
&= -k \int_0^{\frac{\pi}{2}} \{(\cos s, \sin s) \cdot (-\sin s, \cos s)\} ds = 0 \quad (A.66)
\end{aligned}$$

この例では，線積分は経路によらず常に 0 である。　　□

例 2 次の例として，ベクトル場が $\vec{F} = (F_x, F_y) = (-ky, kx)$ の場合を考えてみる。
経路 C_1 については

$$\begin{aligned}
W_{C_1} &= \int_0^1 \{(-ks, k) \cdot (0, 1)\} ds + \int_0^1 \{(-k, k(1-s)) \cdot (-1, 0)\} ds \\
&= \int_0^1 k \, ds + \int_0^1 k \, ds = 2k \quad (A.67)
\end{aligned}$$

経路 C_2 については

$$W_{C_2} = \int_0^1 \{(0, k(1-s)) \cdot (-1, 0)\} ds + \int_0^1 \{(-ks, 0) \cdot (0, 1)\} ds = 0 \quad (A.68)$$

経路 C_3 については

$$W_{C_3} = k \int_0^{\frac{\pi}{2}} \{(-\sin s, \cos s) \cdot (-\sin s, \cos s)\} ds = k \int_0^{\frac{\pi}{2}} 1 \, ds = \frac{\pi}{2} k \quad (A.69)$$

となる。この例では経路によって線積分が異なる。　　□

A.5 楕円の方程式

図 A.9 のように，xy 平面上の位置 $(-e, 0)$ に点 L，位置 $(e, 0)$ に点 M をとる (ただし，$0 < e < 1$)。ここで，点 L からの距離と点 M からの距離の和が 2 である点 P$= (x, y)$ の集合がどのような図形になるか考えてみよう。$\overline{\text{PL}} + \overline{\text{PM}} = 2$ より，

$$\sqrt{(x+e)^2 + y^2} + \sqrt{(x-e)^2 + y^2} = 2 \tag{A.70}$$

となる。両辺を 2 乗して整理すると，

$$(x^2 + y^2 + e^2) - 2 = -\sqrt{(x^2 + y^2 + e^2)^2 - 4e^2 x^2} \tag{A.71}$$

となる。両辺をさらに 2 乗して整理すると，

$$x^2 + \frac{1}{1-e^2} y^2 = 1 \tag{A.72}$$

が得られる。これは，x 方向に長さ 1 の長軸，y 方向に長さ $\sqrt{1-e^2}$ の短軸をもつ楕円の方程式になる。したがって，2 点からの距離の和が一定となる点の集合は楕円であることが証明された。このような 2 点を楕円の**焦点**という。

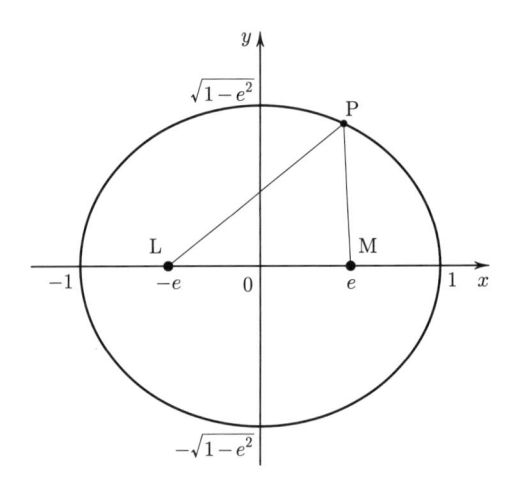

図 A.9　楕円とその焦点

問題解答

第1章

1.1 $750 \frac{\text{m}}{\text{min}} \times \frac{1\,\text{min}}{60\,\text{s}} = 12.5$ m/s, $750 \frac{\text{m}}{\text{min}} \times \frac{60\,\text{min}}{1\,\text{h}} \times \frac{1\,\text{km}}{1000\,\text{m}} = 45$ km/h である。

1.2 求める時刻を t とすると，$2.1 = 7t - 4.9t^2$ である。この2次方程式を解くと，$t = \frac{3}{7}$ s, 1 s となる。

1.3 (1) の場合，速度が 0 になるまでの時間は $\frac{15-30}{-1} + \frac{0-15}{-2} = 22.5$ s，走行した距離は $\frac{15^2 - 30^2}{-2 \times 1} + \frac{0^2 - 15^2}{-2 \times 2} = 393.75$ m である。

(2) の場合，速度が 0 になるまでの時間は $\frac{15-30}{-2} + \frac{0-15}{-1} = 22.5$ s，走行した距離は $\frac{15^2 - 30^2}{-2 \times 2} + \frac{0^2 - 15^2}{-2 \times 1} = 281.25$ m である。

1.4 まず，時刻 20 s における速度と位置を計算する。等加速度運動の公式により，速度は $v(20) = 0 + 1 \times 20 = 20$ m/s，位置は $x(20) = \frac{1}{2} \times 1 \times 20^2 = 200$ m となる。その後，時刻 80 s までは等速運動なので，$v(80) = v(20) = 20$ m/s, $x(80) = x(20) + 20 \times (80 - 20) = 200 + 1200 = 1400$ m となる。その後は等加速度運動なので，速度は $v(t) = 20 - 0.8 \times (t - 80)$ となる。B 駅に到着した時刻では速度が 0 でなければならないので，$0 = 20 - 0.8 \times (t - 80)$ より $t = 105$。つまり，B 駅に到着する時刻は 105 s と求まる。このときの位置は $x(105) = 1400 + 20 \times (105 - 80) + \frac{1}{2} \times (-0.8) \times (105 - 80)^2 = 1650$ m と求まる。

1.5 x 軸の正の向きを東，y 軸の正の向きを北とし，最初の位置を $\vec{r} = (0, 0)$ とする。最初の3秒間は加速度 $\vec{a} = (2, 0)$ の等加速度運動なので，3秒後の速度と位置はそれぞれ $\vec{v} = (2 \times 3, 0) = (6, 0)$, $\vec{r} = (\frac{1}{2} \times 2 \times 3^2, 0) = (9, 0)$ である。

次に，これらを初期条件として加速度 $\vec{a} = (0, 1)$ の等加速度運動を 2 秒間続けた後の速度と位置は，それぞれ $\vec{v} = (6, 2)$, $\vec{r} = (9 + 6 \times 2, 0 + \frac{1}{2} \times 1 \times 2^2) = (21, 2)$ である。その後，加速度 0 で 1 秒間運動を続けた後の位置は $\vec{r} = (21 + 6, 2 + 2) = (27, 4)$。したがって答えは，もとの位置から東へ 27 m，北へ 4 m の位置である。

1.6 水平方向に x 軸，鉛直上向きに y 軸をとり，ボールの初期の位置を原点とする。ボールの初速度の大きさを v_0，投げ上げる角度を地面から θ とすると，投げ上げてから t 秒後のボールの位置は $(v_0 \cos\theta \cdot t, v_0 \sin\theta \cdot t - \frac{1}{2} g t^2)$ である。y 座標が 0 になる時刻を求めると，$t = 0, \frac{2v_0 \sin\theta}{g}$ である。このうち後者が飛んでいったボールが着地する時刻である。この時刻を x 座標に代入した $v_0 \cos\theta \cdot \frac{2v_0 \sin\theta}{g} = \frac{v_0^2 \sin 2\theta}{g}$ がノーバウンドで到達する距離である。この値を最大にする θ は $45°$ なので，地面から $45°$ 上方に投げるのがよい。

第2章

2.1 (a) 人間が壁を押すと，作用・反作用の法則により，壁も同じ大きさの力で逆向きに人間を押す。人間は台車に乗っているので，人間と台車を 1 つの物体とみなせば，物体にはたらく合力は 0 である。したがって動かない。

(b) この場合も作用・反作用の法則が成り立つが，人間は台車に乗っていないので，台車と一体の物体ではない。この場合は台車にはたらく合力は 0 ではないので動きだす。

2.2 質量 m の物体にはたらく重力と垂直抗力の合力は大きさ $mg\sin\theta$ で斜面下向きを向くので，物体は斜面下向きに加速度 $a = g\sin\theta$ の等加速度運動をする。すべり台の端までの距離は $\frac{h}{\sin\theta}$

なので，等加速度運動の公式により $\frac{h}{\sin\theta} = \frac{1}{2}g\sin\theta \cdot t^2$ である。これを t について解くと所要時間が求まり，$t = \sqrt{\frac{2h}{g}}\frac{1}{\sin\theta}$ となる。一方，地面に達したときの速さを v とすると，$v = at$ より，$v = \sqrt{2gh}$ となる。これは傾斜角 θ に依存しない。

2.3 垂直抗力の大きさは $10 \times 9.8 = 98$ N なので，動摩擦係数は $\mu_k = \frac{20}{98} \approx 0.20$ である。椅子に人が座っている状態での垂直抗力の大きさは $60 \times 9.8 \approx 590$ N。このときの動摩擦力の大きさは，$\mu_k \times 590 \approx 120$ N である。この摩擦力と同じ大きさの力を加え続けなければならない。

2.4 作用・反作用の法則により，物体 1 と物体 2 が押し合う力の大きさは等しい。これを f とおくことにする。物体 1 の運動方程式は $m_1 a = F - f$，物体 2 の運動方程式は $m_2 a = f$ である。両者は互いに接しながら運動するので，どちらの式にも共通の加速度 a を用いた。これらから f を消去すると，加速度は $a = \frac{F}{m_1 + m_2}$ となる。これは，2 つの物体を質量 $m_1 + m_2$ の 1 つの物体として扱った場合の計算結果と同じである。また，互いに押し合う力は $f = \frac{m_2}{m_1 + m_2}F$ となる。

2.5 (a) 物体が等速円運動を維持するためには向心力が加わっていなければならない。この場合は静止摩擦力が向心力の役割をはたす。必要な向心力の大きさが最大静止摩擦力を超えると，物体は等速円運動を維持することができずに滑りだす。物体 B の質量を m とすると，向心力の大きさは $2mr\omega_1^2$，最大静止摩擦力の大きさは $\mu_s mg$ である。これらを等しいとおくことにより，$\mu_s = \frac{2r\omega_1^2}{g}$ と求まる。

(b) 物体 A が滑りだすときの角速度を ω_2 とすると，$mr\omega_2^2 = \mu_s mg$ が成り立つ。これより $\omega_2 = \sqrt{2}\omega_1$ となる。したがって答えは $\sqrt{2} \approx 1.4$ 倍。

2.6 物体が最高点に達した状態での速さを v とする。最高点では物体に向心力 $m\frac{v^2}{l}$ がはたらいていなければならない。この向心力の役割を果たすのは重力 mg とひもの張力 T の合力なので，$m\frac{v^2}{l} = mg + T$ である。ひもがたるまないためには，$T > 0$ でなければならない。これより，$v > \sqrt{gl}$ をみたさなくてはならないことがわかる。

2.7 静止衛星の角速度を ω とする。万有引力が向心力と等しいので，$G\frac{mM}{r^2} = mr\omega^2$ である。これを r について解くと $r = \left(\frac{GM}{\omega^2}\right)^{\frac{1}{3}}$ である。1 日に 1 周する場合の角速度は $\omega = \frac{2\pi}{24 \times 3600} = 7.27 \times 10^{-5}$ である。さらに G, M の値を代入して計算すると，$r = 4.22 \times 10^7$ m となる。これから地球の半径 6.37×10^6 m を差し引いた値 3.58×10^6 m，すなわち約 36000 km が地上からの高さである。

第 3 章

3.1 $l = g\left(\frac{T}{2\pi}\right)^2$ で $T = 2.1$ s, $g = 9.8$ m/s^2 とおくと，$l = 1.1$ m となる。

3.2 (a) 物体の速度が一定になったとき，$mg = Bv^2$ が成り立つので，終端速度は $v_\infty = \sqrt{\frac{mg}{B}}$ となる。

(b) 変数分離法を用いるために微分方程式を変形すると，$\frac{dv}{v_\infty^2 - v^2} = \frac{g}{v_\infty^2}dt$ となる。左辺を部分分数に分けて積分記号をつけると，

$$\frac{1}{2v_\infty}\int\left[\frac{1}{v_\infty - v} + \frac{1}{v_\infty + v}\right]dv = \int\frac{g}{v_\infty^2}dt$$

である。積分を実際に計算すると $\log\frac{v_\infty + v}{v_\infty - v} = 2\frac{g}{v_\infty}t + C$ となり，初期条件 ($t = 0$ のとき $v = 0$) を用いると，積分定数 C は 0 である。整理して，

$$v = v_\infty\frac{e^{2\frac{g}{v_\infty}t} - 1}{e^{2\frac{g}{v_\infty}t} + 1} = \frac{e^{\frac{g}{v_\infty}t} - e^{-\frac{g}{v_\infty}t}}{e^{\frac{g}{v_\infty}t} + e^{-\frac{g}{v_\infty}t}} = v_\infty \tanh\left(\frac{g}{v_\infty}t\right)$$

となる。速度 v を t の関数として図示すると，$t \approx 0$ のときには自由落下と同様に $v = gt$，$t \to \infty$ のときには v_∞ に漸近する。(図 1 参照)

3.3 $\lambda = -\frac{b}{2m}$ のとき，$x = e^{\lambda t}$ が微分方程式 (3.35) をみたすことは明らか。次に $x = te^{\lambda t}$ としてみると，$\dot{x} = (1 + \lambda t)e^{\lambda t}$, $\ddot{x} = (2\lambda + \lambda^2 t)e^{\lambda t}$ である。これを式 (3.35) の左辺に代入すると，

図1

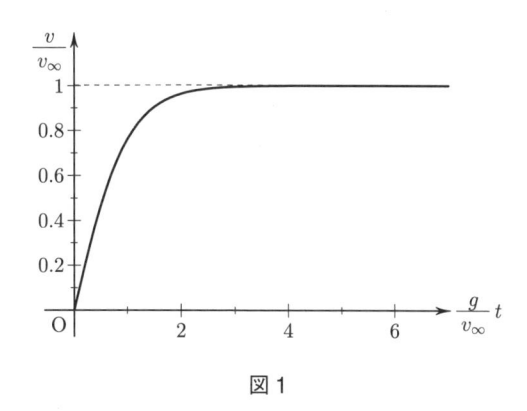

$$\{m(2\lambda + \lambda^2 t) + b(1+\lambda t) + kt\}e^{\lambda t} = \{(m\lambda^2 + b\lambda + k)t + 2m\lambda + b\}e^{\lambda t} = 0$$

となるので，$x = te^{\lambda t}$ も微分方程式の解である．したがって，これらの線形結合である $x = (C_1 + C_2 t)e^{\lambda t}$ も解となる．

3.4 (a) 振幅 $|A|$ が極大になる場合は $f = (\omega^2 - \Omega^2)^2 + \frac{b^2}{m^2}\Omega^2$ が極小になる．その場合の Ω を求めるために $\frac{\partial f}{\partial \Omega} = 0$ とおくと $\Omega^2 = \omega^2 - \frac{b^2}{2m^2}$ となる．これが実数解をもつためには $b^2 < 2m^2\omega^2 (= 2mk)$ でなければならない．

(b) $k \to +\infty$ のとき $\omega \to +\infty$ であるので，これを式 (3.50) に代入すると，$|A| \approx X$, $\alpha \approx 0$ となる．物体はばねの上部と同じ振幅，同じ位相で運動するので，ばねの部分を硬い棒だと考えることに相当する．

(c) $b \to +\infty$ のとき $|A| \approx 0$ となる．つまり，物体はまったく振動しなくなる．これは物体が硬い粘土の中にめり込んでいるような状況に相当する．

3.5 物体の運動方程式は，$m\frac{dv}{dt} = -bv$ となる．この微分方程式を解くと，$v(t) = v_0 e^{-\frac{b}{m}t}$ となる．これを時刻で積分すると位置が求まる．初期の位置を $x = 0$ とすると，

$$x(t) = \int_0^t v_0 e^{-\frac{b}{m}\tau} d\tau = \frac{m}{b}v_0\left(1 - e^{-\frac{b}{m}t}\right)$$

となる．十分に時間が経った後の移動距離は，$t \to \infty$ とすると $\frac{mv_0}{b}$ と求まる．

第4章

4.1 物体にはたらく力はつりあっていなければならないので，第2章で述べたように，ひもを引っぱる力は $\frac{1}{2}mg$ である．一方，物体を h だけ上昇させるためには，ひもを $2h$ だけ引っぱらなくてはならない．したがって，ひもにする仕事は $\frac{1}{2}mg \times 2h = mgh$ となり，物体に直接力を加えて持ち上げる場合の仕事とまったく同じである．このように，道具を用いても仕事は変わらないのも仕事の原理である．

4.2 (a) 最初の力学的エネルギーは $\frac{1}{2}mv_0^2$, 静止したときの力学的エネルギーは 0 である．その差が摩擦力が物体にした仕事に等しいので，求める仕事は $-\frac{1}{2}mv_0^2$ である．一方，動摩擦力の大きさは $\mu_k mg$ なので，移動距離を l とすると動摩擦力がした仕事は $-\mu_k mgl$ と書くことができる．よってこれを上式と一致させて l について解くと，$l = \frac{v_0^2}{2\mu_k g}$ となる．

(b) 物体が静止するまでに抵抗力がした仕事は運動エネルギーの変化に等しいので，この場合も $-\frac{1}{2}mv_0^2$ となる．

4.3 運動方程式は $m\ddot{z} = -kz - mg$ である．ここで $Z = z + \frac{mg}{k}$ とおくと，$m\ddot{Z} = -kZ$ となり，単振動の運動方程式になる．A, α を任意の実数とおくと，一般解は $Z = A\cos(\omega t + \alpha)$, つまり，$z = A\cos(\omega t + \alpha) - \frac{mg}{k}$ となる．ただし $\omega = \sqrt{\frac{k}{m}}$ とした．ここで考えるべきエネルギーは，重力ポテンシャルエネルギー V_g, ばねの弾性ポテンシャルエネルギー V_e, 運動エネルギー K である．それぞれ，$V_g = mgz$, $V_e = \frac{1}{2}kz^2$, $K = \frac{1}{2}m\dot{z}^2$ である．全エネルギーは

$$V_{\mathrm{g}} + V_{\mathrm{e}} + K = \frac{1}{2}kZ^2 - \frac{m^2g^2}{2k} + \frac{1}{2}m\dot{Z}^2$$
$$= \frac{1}{2}kA^2\cos^2(\omega t + \alpha) + \frac{1}{2}mA^2\omega^2\sin^2(\omega t + \alpha) - \frac{m^2g^2}{2k}$$
$$= \frac{1}{2}kA^2 - \frac{m^2g^2}{2k}$$

となる。これは時刻によらずに一定なので，力学的エネルギーは保存している。

4.4 斜面にそった向きに x 座標をとり，下向きを正とする。運動方程式は $ma = mg\sin\theta - \mu_{\mathrm{k}}mg\cos\theta$ なので，物体は加速度 $a = g(\sin\theta - \mu_{\mathrm{k}}\cos\theta)$ で等加速度運動する。$t = 0$ での位置を $x = 0$，速度を0とすると，時刻 t における位置は $x = \frac{1}{2}at^2 = \frac{1}{2}g(\sin\theta - \mu_{\mathrm{k}}\cos\theta)t^2$ である。したがって，ポテンシャルエネルギーは $-mgx\sin\theta = -\frac{mg^2}{2}\sin\theta(\sin\theta - \mu_{\mathrm{k}}\cos\theta)t^2$，時刻 t における速度は $v = at = g(\sin\theta - \mu_{\mathrm{k}}\cos\theta)t$，運動エネルギーは $\frac{1}{2}mv^2 = \frac{1}{2}mg^2(\sin\theta - \mu_{\mathrm{k}}\cos\theta)^2t^2$ である。よって，全力学的エネルギーは $-\frac{1}{2}mg^2\mu_{\mathrm{k}}\cos\theta(\sin\theta - \mu_{\mathrm{k}}\cos\theta)t^2$ となる。これは，動摩擦係数が0でないかぎり力学的エネルギーが t^2 に比例して減少していくことを示す。

4.5 (a) $\frac{\partial U}{\partial x} = 0$, $\frac{\partial U}{\partial y} = 0$, $\frac{\partial U}{\partial z} = mg$ より，保存力は $\vec{F}(x,y,z) = (0,0,-mg)$. これは鉛直下向きの重力を表す。

(b) $\frac{\partial}{\partial x}\frac{1}{r} = \frac{\partial}{\partial x}(x^2+y^2+z^2)^{-1/2} = -x(x^2+y^2+z^2)^{-3/2} = -xr^{-3}$ などを用いると，保存力は $\vec{F}(x,y,z) = -G\frac{Mm}{r^3}(x,y,z)$ となる。ここで $(x,y,z) = \vec{r}$ と書くと，保存力は $\vec{F}(\vec{r}) = -G\frac{mM}{r^2}\frac{\vec{r}}{r}$ となる。これは大きさ $G\frac{mM}{r^2}$ の万有引力が中心に向かう向きにはたらいていることを示す。

第5章

5.1 衝突直前の物体の速さを v_{i}，衝突直後の物体の速さを v_{f}，衝突後の高さの最大値を h' とすると，エネルギー保存の法則により，$mgh = \frac{1}{2}mv_{\mathrm{i}}^2$ および $mgh' = \frac{1}{2}mv_{\mathrm{f}}^2$ が成り立つ。一方，$e = \frac{v_{\mathrm{f}}}{v_{\mathrm{i}}}$ なので，$h' = e^2h$ となる。

5.2 これは物体の分裂と同じように考えてよいので，投げる前と後で運動量が保存する。したがって，$0 = mv + MV$ が成り立つ。したがって，$V = -\frac{m}{M}v$ となる。

5.3 衝突直後のボールの速度を v'，的の速度を V とすると，運動量保存の法則により，$mv = mv' + MV$ が成り立つ。

(a) 完全弾性衝突なので，$V - v' = v$. これを用いて v' を消去すると，$V = \frac{2m}{m+M}v$ となる。高さの最大値を h とすると，エネルギー保存の法則により $\frac{1}{2}MV^2 = Mgh$ なので，$h = \frac{V^2}{2g} = \frac{1}{2g}\left(\frac{2m}{m+M}\right)^2v^2$ となる。

(b) 完全非弾性衝突なので，$V = v'$. したがって $V = \frac{m}{m+M}v$ となり，高さの最大値は $h = \frac{V^2}{2g} = \frac{1}{2g}\left(\frac{m}{m+M}\right)^2v^2$ となる。

5.4 質点系が n 個あるとする。k 番目の質点系の重心を

$$\vec{R}_k = \frac{1}{M_k}\sum_{j_k=1}^{n_k}m_{j_k}\vec{r}_{j_k}$$

と書くことにする。それぞれの質点系の重心に全質量が集中していると考えた場合の重心を計算すると，

$$\frac{1}{\sum_{k=1}^{n}M_k}\sum_{k=1}^{n}M_k\vec{R}_k = \frac{1}{\sum_{k=1}^{n}\sum_{j_k=1}^{n_k}m_{j_k}}\sum_{k=1}^{n}\sum_{j_k=1}^{n_k}m_{j_k}\vec{r}_{j_k}$$

となる。ここで，右辺はすべての質点に対する重心の計算結果になっている。よって証明された。

5.5 大きな円の中心 (重心) を $\vec{R}_{\mathrm{L}}$，小さな円の中心 (重心) を $\vec{R}_{\mathrm{S}}$，求める物体の重心を $\vec{R}$ とする。これらの物体の質量はそれぞれ，$4M, M, 3M$ と表すことができるので，$\vec{R}_{\mathrm{L}} = \frac{1}{4M}(M\vec{R}_{\mathrm{S}}+3M\vec{R})$ となる。これを $\vec{R}$ について解くと，$\vec{R} = \frac{1}{3}(4\vec{R}_{\mathrm{L}} - \vec{R}_{\mathrm{S}}) = \vec{R}_{\mathrm{L}} + \frac{1}{3}(\vec{R}_{\mathrm{L}} - \vec{R}_{\mathrm{S}})$ となる。これは，図の大きな円の中心から左側に，小さな円の半径の $\frac{1}{3}$ の距離だけ移動した場所に相当する。

第 6 章

6.1 正しくない。大根は太さが一定ではないので，左右の力のモーメントが等しいことは必ずしも左右の質量が等しいことを意味しないからである。

6.2
$$\vec{L}_0 = \sum_{j=1}^n m_j(\vec{r}_j \times \dot{\vec{r}}_j) = \sum_{j=1}^n m_j\{(\vec{r}_j - \vec{R}) \times \dot{\vec{r}}_j\} + \vec{R} \times \sum_{j=1}^n m_j\dot{\vec{r}}_j$$
$$= \vec{L} + \vec{R} \times M\dot{\vec{R}}$$

となる。ここで，M は質点系全体の質量である。このように，原点を中心とした質点系の角運動量は，重心を中心とした角運動量に，原点を中心とした重心運動の角運動量 (重心にすべての質量が集中していると考えた場合の角運動量) をたしたものに等しいことがわかる。

6.3 (a) 円柱の高さを h とする。円柱の中心軸を z 軸とし，円柱の底面を xy 面とする。円柱内部の位置座標は (x, y, z) と表される。ここで，変数 x, y の代わりに $x = r\cos\theta$, $y = r\sin\theta$ で定義される変数 r と θ を用いることにする。ここで r は中心軸からの距離，θ は中心軸からの方位である。微小な体積要素は $r\,dr d\theta dz$ なので，円柱の密度を ρ とおくと，慣性モーメントは

$$I = \int_0^h \int_0^{2\pi} \int_0^R \rho r^2 r\,dr d\theta dz = 2\pi h\rho \int_0^R r^3 dr dz = \frac{1}{2}\pi h\rho R^4$$

となる。円柱の体積は $\pi R^2 h$ なので，$M = \pi R^2 h\rho$ である。これを代入すると，$I = \frac{1}{2}MR^2$ となる。

(b) ころがり摩擦力の大きさを f とすると，重心運動，回転運動に関する運動方程式は，それぞれ

$$M\ddot{x} = Mg\sin\theta - f, \quad \frac{1}{2}MR^2\dot{\omega} = fR$$

である (ただし，$\ddot{x} = R\dot{\omega}$)。これらから f を消去し，$\ddot{x}$ について解くと，加速度は，$\ddot{x} = \frac{2}{3}g\sin\theta$ となる。

6.4 回転軸を z 軸とする。密度を ρ とすると，慣性モーメントは

$$I = \int_0^{2\pi} \int_0^{\pi} \int_0^R (r\sin\theta)^2 \rho r^2 \sin\theta\,dr d\theta d\phi = 2\pi\rho \int_0^{\pi} \sin^3\theta\,d\theta \int_0^R r^4 dr$$
$$= 2\pi\rho \times \frac{4}{3} \times \frac{1}{5}R^5 = \frac{2}{5}MR^2$$

と計算される。ここで $M = \frac{4}{3}\pi R^2\rho$ を用いた。

第 7 章

7.1 等速直線運動する物体の位置ベクトルは $\vec{r} = \vec{r}_0 + \vec{v}t$ のように書くことができる。角運動量は

$$\vec{L} = \vec{r} \times m\vec{v} = m(\vec{r}_0 + \vec{v}t) \times \vec{v} = m\vec{r}_0 \times \vec{v}$$

となり，時刻によらずに一定であることが示された。(式変形では，自分自身との外積が 0 であることを用いた。)

7.2 7.5 節で述べた考え方を用いると，この問題は，$-Ar_0^n + Br_0^{-3} = 0$ をみたす r_0 を用いて $r(t) = r_0 + q(t)$ とおき，微小な $q(t)$ がみたす運動方程式

$$m\ddot{q} = -A(r_0 + q)^n + B(r_0 + q)^{-3} = -Ar_0^n(1+s)^n + Br_0^{-3}(1+s)^{-3}$$

を解く問題である。ここで，$s = \frac{q}{r_0}$ は微小であるとし，テイラー展開の近似式 $(1+s)^n \approx 1 + ns$ を用いると

$$m\ddot{q} = -Ar_0^n(1+ns) + Br_0^{-3}(1-3s)$$
$$= -Ar_0^n + Br_0^{-3} + (-nAr_0^n - 3Br_0^{-3})s = -(n+3)Br_0^4 q$$

となる。したがって，q に関する微分方程式は $\ddot{q} = -(n+3)\omega^2 q$ と書ける。$n > -3$ ならばこの解は単振動の解をもち，その角振動数は $\sqrt{n+3}\,\omega$ である。$n \leq -3$ ならば安定な解は存在しな

い。軌道が閉じるためにはこの値が ω の整数倍でなくてはならない。したがって，N を任意の自然数とすると，$n = N^2 - 3$ の場合に軌道は閉じる。

7.3 (a) 保存力を求めると $\vec{F} = -\nabla U = \left(-\frac{\partial U}{\partial x}, -\frac{\partial U}{\partial y}, -\frac{\partial U}{\partial z}\right) = (-kx, -ky, -kz) = -k\vec{r}$ となる。この力は常に原点を向くので，中心力であるといえる。

(b) 運動方程式は，$m\ddot{\vec{r}} = \vec{F}$ である。物体の運動が xy 面に限られる場合を考えるので，z 座標については考えなくてよい。運動方程式を x 成分，y 成分ごとに表すと，それぞれ $m\ddot{x} = -kx$，$m\ddot{y} = -ky$ となる。これらは調和振動子の運動方程式であるので，一般解は $x = C_x \cos(\omega t + \alpha_x)$，$y = C_y \cos(\omega t + \alpha_y)$ となる。ここで $\omega = \sqrt{\frac{k}{m}}$ とした。これは楕円軌道になることが知られている。

(c) 角運動量は
$$m\vec{r} \times \dot{\vec{r}} = m\big(C_x \cos(\omega t + \alpha_x), C_y \cos(\omega t + \alpha_y), 0\big)$$
$$\times \big(-\omega C_x \sin(\omega t + \alpha_x), -\omega C_y \sin(\omega t + \alpha_y), 0\big)$$
$$= m\omega C_x C_y \{\sin(\omega t + \alpha_x)\cos(\omega t + \alpha_y) - \cos(\omega t + \alpha_x)\sin(\omega t + \alpha_y)\}(0, 0, 1)$$
$$= m\omega C_x C_y \sin(\alpha_x - \alpha_y)(0, 0, 1)$$

となる。これは時刻によらないので，角運動量が保存されることを表す。

7.4 式 (7.54) の左辺を因数分解すると，
$$\left\{\left(\frac{1-e^2}{r_0}\right)\left(x + \frac{er_0}{1-e^2}\right) + \frac{\sqrt{e^2-1}}{r_0}y\right\}\left\{\left(\frac{1-e^2}{r_0}\right)\left(x + \frac{er_0}{1-e^2}\right) - \frac{\sqrt{e^2-1}}{r_0}y\right\} = 1$$
となる。惑星が太陽から遠ざかると，$|x|$ や $|y|$ が非常に大きくなるので，どちらかの { } の中味も非常に大きくなる。それでも上の等式がみたされるためには，いずれかの { } の中味が 0 に近づかなければならない。そのため，太陽から遠い場所で惑星は $\left(\frac{1-e^2}{r_0}\right)\left(x + \frac{er_0}{1-e^2}\right) + \frac{\sqrt{e^2-1}}{r_0}y = 0$ あるいは $\left(\frac{1-e^2}{r_0}\right)\left(x + \frac{er_0}{1-e^2}\right) - \frac{\sqrt{e^2-1}}{r_0}y = 0$ で表されるいずれかの漸近線に近づくことになる。

第 8 章

8.1 (a) 等加速度運動の公式 $v_1^2 - v_0^2 = 2ax$ で，$v_0 = 17$ m/s, $v_1 = 0$ m/s, $x = 0.5$ m とおくと，加速度は $a = \frac{-17^2}{2 \times 0.5} = -2.9 \times 10^2$ m/s^2 と求まる。

(b) $mg = 5 \times 9.8 = 49$ N

(c) 赤ちゃんにかかる慣性力の大きさは $5 \times 2.9 \times 10^2 = 1.5 \times 10^3$ N である。これを重力加速度で割ると，1.5×10^2 kg。赤ちゃんの体重の 30 倍の質量をもつ物体の重力に相当する慣性力が生じることになる。

8.2 列車の速さは 10 m/s であるので，列車の質量を m とおくと，遠心力は $m\frac{10^2}{160} = 0.625m$ となる。乗客はこの遠心力と重力の合力を受けるが，その力の向きが列車の床に垂直ならば乗客は左右によろけることはない。その条件は $\tan\theta = \frac{0.625m}{9.8m} \approx 0.064$ となる。これを用いると，$\theta \approx 3.7°$ と求まる。

8.3 地球は 1 日で 1 周するので，自転の角速度は $\Omega = \frac{2\pi}{24 \times 3600} \approx 7.27 \times 10^{-5}$ rad/s である。また，地球の (赤道における) 半径は $R = 6.38 \times 10^6$ m なので，向心加速度の大きさは $R\Omega^2 = 6.38 \times 10^6 \times (7.27 \times 10^{-5})^2 = 3.37 \times 10^{-2}$ m/s^2 である。つまり，質量 m の人は赤道では大きさ $3.37 \times 10^{-2} \times m$ の遠心力を上向きに受ける。これを重力と比較すると，$\frac{0.0337}{9.8} \approx 0.0034$ となり，遠心力の大きさは重力の 0.3 % であることがわかる。

8.4 Ω を地球の自転の角速度とすると，コリオリ力の大きさは $2mv\Omega = 2 \times 0.15 \times 40 \times 7.27 \times 10^{-5} \approx 8.72 \times 10^{-4}$ N となる。これはほとんど無視できる程度の大きさである。また，北極では上から見ると反時計回りに地球は回転しているので，角速度は上向き。したがって，コリオリ力の向きは進行方向右向きになる。もし 10 秒間で 1 回転するメリーゴーラウンドの円盤上の場合だと，角速度が 0.628 rad/s なのでコリオリ力は 7.54 N となり，無視できない大きさになる。

問題解答　　　　　　　　　　　　　　　　　　　　　　　　　　　　　　　133

第9章

問 9.1　(1)　板にぶつかった後の物体は，単振動の半周期分の運動を行うことになる。右向きを正とし，初速度が $-v$ であることに注意すると，板と一体になっている間の物体の位置は $x(t) = -\frac{v}{\omega}\sin\omega t$ となる。ただし，衝突の瞬間を $t = 0$, $\omega = \sqrt{\frac{k}{m}}$ とした。物体が板から受けた力を F とすると $F = m\ddot{x}$，つまり $F = mv\omega\sin\omega t$ である。これをプロットすると図2のようになる。

(2)　これを振動の半周期 $\frac{\pi}{\omega}$ で積分することにより力積を求めると，

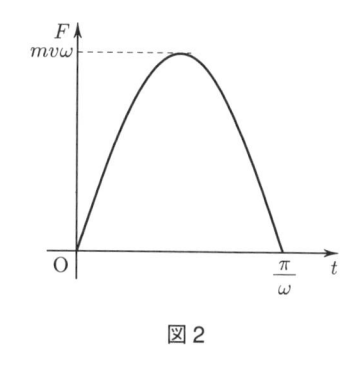

$$\int_0^{\frac{\pi}{\omega}} mv\omega\sin\omega t\, dt = mv\omega\left[-\frac{1}{\omega}\cos\omega t\right]_0^{\frac{\pi}{\omega}} = 2mv.$$

図2

(3)　衝突前の物体の運動量は $-mv$，板から離れた後の運動量は mv なので，運動量の変化は $2mv$ である。これは物体が受けた力積に等しい。

問 9.2　(1)　物体が地表すれすれを等速円運動している場合は，重力が向心力の役割をはたす。そのときの物体の速さを v，物体の質量を m とすると，$mg = m\frac{v^2}{R}$ が成り立つ。これを v について解くと，第一宇宙速度は $v = \sqrt{gR}$ となる。

(2)　地球より無限に離れた場所に到達するには，無限遠での運動エネルギーが0より大きくなければならない。無限遠での運動エネルギーを0とした場合のエネルギー保存の法則は $-G\frac{mM}{R} + \frac{1}{2}mv^2 = 0$ となる。これを v について解くと，第二宇宙速度が $v = \sqrt{2\frac{GM}{R}}$ と求まる。ここで，重力 mg は地表での万有引力に等しいので $g = G\frac{M}{R^2}$ となる。これを第二宇宙速度の式に代入すると $v = \sqrt{2gR}$ となる。このことから第二宇宙速度は第一宇宙速度の $\sqrt{2}$ 倍であることがわかる。

問 9.3　ジェットコースターが落下しないためには，ループの最高点でジェットコースターが受ける上向きの遠心力が，下向きの重力よりも大きい必要がある。このことから，ジェットコースターの質量を m，ループの最高点での速さを v とすると，$m\frac{v^2}{R} > mg$ でなくてはならない。一方，エネルギー保存の法則から，$\frac{1}{2}mv^2 = mg(h - 2R)$ が成り立つ。これを上式に代入し整理すると，$h > \frac{5R}{2}$ でなくてはならないことがわかる。

問 9.4　(1)　この系の力学的エネルギーには，ばねの弾性ポテンシャルエネルギー，重力ポテンシャルエネルギー，運動エネルギーがある。ここで，ばねから手を離す瞬間と，ばねがもっとも縮んだ瞬間では，運動エネルギーはいずれも0なので，物体の高さを h とすると $mgl = mgh + \frac{1}{2}k(l-h)^2$ が成り立つ。これを h について解くと $h = l, l - \frac{2mg}{k}$ が得られる。1つ目の解は手を離す直前の状態に相当するので，ばねがもっとも縮んだ瞬間の高さは $l - \frac{2mg}{k}$ である。

(2)　抵抗力があるとばねは減衰振動し，十分に時間が経つとばねは静止する。その場合，重力とばねの弾性力がつりあう位置で物体は静止するので，物体の高さは $h = l - \frac{mg}{k}$ となる。その状態での力学的エネルギーは

$$mg\left(l - \frac{mg}{k}\right) + \frac{1}{2}k\left(\frac{mg}{k}\right)^2 = mgl - \frac{1}{2}\frac{(mg)^2}{k}$$

となる。最初の状態からのエネルギーの変化は $-\frac{1}{2}\frac{(mg)^2}{k}$ であり，これが抵抗力がした仕事に等しい。

問 9.5　物体の振動を維持させるには，抵抗力により失われるエネルギーを外力が供給し続けなければならない。一般に，物体が位置 x_1 から x_2 まで移動する間に抵抗力がする仕事は，$-b\int_{x_1}^{x_2} \dot{x}\, dx = -b\int_{t_1}^{t_2} \dot{x}^2\, dt$ である。ただし t_1, t_2 はそれぞれ移動前と移動後の時刻であり，$dx = \frac{dx}{dt}dt$ を用いた。3.7節により，強制振動させられる物体の位置は $x = |A|\cos(\Omega t + \alpha)$ となるので，速度は $\dot{x} = -|A|\Omega\sin(\Omega t + \alpha)$ となる。振動の周期を T とすると，1周期の間に抵抗力

がする仕事は
$$-b|A|^2\Omega^2 \int_0^T \sin^2(\Omega t+\alpha)\,dt = -\frac{1}{2}b|A|^2\Omega^2 \int_0^T [1-\cos\{2(\Omega t+\alpha)\}]\,dt.$$
ここで，cos 関数の部分は 1 周期の積分で消える。この積分を T で割ったものが抵抗力の平均の仕事率であり，外力はそれを打ち消す仕事をするので，外力の平均の仕事率は
$$\bar{P} = \frac{1}{2}b|A|^2\Omega^2 = \frac{b}{2}\frac{\omega^4}{(\frac{\Omega^2-\omega^2}{\Omega})^2 + \frac{b^2}{m^2}}X^2$$
となる。これは $\Omega=\omega$ の場合に最大となる。つまり，ばねの端の振動の振幅を変えずに振動数だけを変えながらゆらすと，振動数が固有振動数と同じになった場合がもっとも「疲れる」はずである。

問 9.6 空のピンポン玉の質量を m，砂を詰めたピンポン玉の質量を M とする。どちらも抵抗力は bv と書くことができるので，それぞれの物体の運動方程式は $m\dot{v}=mg-bv$, $M\dot{v}=Mg-bv$ となる。ただし下向きを正の向きとした。それぞれの終端速度を求めると，空のピンポン玉では $\frac{mg}{b}$，砂を詰めたピンポン玉では $\frac{Mg}{b}$ となり，終端速度は質量に比例することがわかる。そのため，砂を詰めたピンポン玉のほうが速く下に落ちていく。

次に，これらのピンポン玉を糸で結んだものを考えると，空のピンポン玉の真下に砂を詰めたピンポン玉があるので，糸の張力を T とすると，それぞれの物体の運動方程式は $m\dot{v}=mg-bv+T$, $M\dot{v}=Mg-bv-T$ となる。これらの式をたすと，終端速度は $\frac{(m+M)g}{2b}$ となり，それぞれの終端速度の平均値となる。

問 9.7 (1) 物体にはたらく重力と，円錐表面からの垂直抗力の合力が向心力に一致していなければならない。よって，垂直抗力の鉛直方向の分力は mg に等しい。さらに垂直抗力は水平面より 45° 傾斜しているので，向心力の大きさも mg である。また，円運動の半径は高さ y に等しいので，$m\frac{v^2}{y}=mg$ となる。これを v について解くと，$v=\sqrt{gy}$ と求まる。また，$mgy=mv^2$ であるので，ポテンシャルエネルギーは常に運動エネルギーの 2 倍であることがわかる。

(2) 放物線上の点 (x,y) の傾きは，$\frac{dy}{dx}=2x$ である。垂直抗力 $\vec{N}=(N_x,N_y)$ は $d\vec{r}=(dx,dy)$ と垂直なので，$\vec{N}\cdot d\vec{r}=0$ すなわち $N_x+2xN_y=0$ が成り立つ。ここで，垂直抗力の y 成分は重力を打ち消すので，$N_y=mg$ である。これにより，$N_x=-2mgx$ が得られる。垂直抗力の x 成分は向心力の役割をはたしているので，$\frac{mv^2}{x}=|N_x|=2mgx$ となる。これを v について解くと $v=\sqrt{2gx}=\sqrt{2gy}$ となる。また，$\frac{1}{2}mv^2=mgy$ なので，ポテンシャルエネルギーと運動エネルギーは常に等しい。

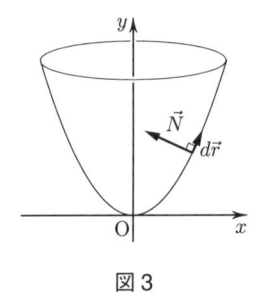

図 3

問 9.8 (1) 物体 B が静止し続けるためには，重力と糸の張力がつりあっている必要があるので，$T=m_2g$ が成り立つ。物体 A が静止し続けるには，重力の斜面方向の成分と糸の張力の合力の大きさが，最大静止摩擦力の大きさよりも小さくなくてはならないので，
$$|T-m_1g\sin\theta| < \mu_s m_1 g\cos\theta$$
これより，
$$-\mu_s m_1\cos\theta < m_2 - m_1\sin\theta < \mu_s m_1\cos\theta$$
$$\therefore \quad m_1(\sin\theta-\mu_s\cos\theta) < m_2 < m_1(\sin\theta+\mu_s\cos\theta)$$
となる。

(2) 物体 A の運動方程式は $m_1 a = T - m_1 g(\sin\theta+\mu_k\cos\theta)$，物体 B の運動方程式は $m_2 a = m_2 g - T$。これらから T を消去して整理すると，$a=\frac{m_2-m_1(\sin\theta+\mu_k\cos\theta)}{m_1+m_2}g$ となる。

問 9.9 質点が半球を離れる前の状態をまず考える。質点の位置を，半球の中心から頂上への向

きと，半球の中心から質点への向きのなす角 θ で表すことにする。位置が θ のときの質点の速さを v とすると，エネルギー保存の法則より，

$$mgR = mgR\cos\theta + \frac{1}{2}mv^2$$

が成り立つ。ただし，質点の質量を m とした。一方，斜面からの垂直抗力の大きさを N とすると，質点にかかる力のうち斜面に垂直な方向の成分が向心力に等しいはずなので $mg\cos\theta - N = m\frac{v^2}{R}$ が成り立つ。この式に上式を代入し，整理すると，$N = mg(3\cos\theta - 2)$ となる。斜面に接している限り $N \geq 0$ でないといけないので，$\cos\theta \geq \frac{2}{3}$ という条件が得られる。つまり，質点が山の $\frac{2}{3}$ の高さまで滑り降りると斜面から離れて飛んでいくことになる。

問 9.10 小石が 1 つ衝突するごとに板に与えられる力積の大きさは $(1+e)mv$ なので，単位時間当たりに加わる力積の大きさは $n(1+e)mv$ である。これは，大きさ $n(1+e)mv$ の力を板に加え続けるのと同じことである。ばねの縮みを x とすると，フックの法則により $kx = n(1+e)mv$ である。よって，$x = \frac{n(1+e)mv}{k}$ となる。

問 9.11 小球 1 は，壁に衝突してはねかえった後，小球 2 に衝突する。その衝突の後の小球 1，小球 2 の速度を v_1, v_2 とすると，運動量保存の法則により，$m_1(-v) + m_2v = m_1v_1 + m_2v_2$ となる。ただし，図の右向きを正とした。弾性衝突なので，さらに $v_1 - v_2 = 2v$ を用いると，$v_1 = \frac{-m_1 + 3m_2}{m_1 + m_2}v$, $v_2 = \frac{-3m_1 + m_2}{m_1 + m_2}v$ となる。最初に 2 つの球がもっていた運動エネルギーが，衝突後にすべて小球 2 の運動エネルギーに変わるためには，小球 1 が衝突後に静止すればよいので，$\frac{m_1}{m_2} = 3$ であればよい。

問 9.12 床に達した状態での重心の高さは $\frac{1}{2}l$ なので，衝突直前の質点の速さは $v_1 = \sqrt{2gh}$ である。完全非弾性衝突なので，衝突直後は下の質点の速さは 0 になる。この衝突により，下の質点の運動エネルギーが失われるため，衝突直後の力学的エネルギーは $mgl + \frac{1}{2}mv_1^2 = mg(h+l)$ となる。その後，下の質点は静止したまま，上の質点のみが落下し，ばねが縮んでいく。ばねがもっとも縮んだ後，上の質点は上向きに運動しはじめる。やがてばねが自然長よりも伸びると，下の質点には上向きの弾性力がはたらく。この弾性力の大きさが重力の大きさを上回ると，下の質点は床を離れる。この瞬間のばねの (自然長からの) 伸びを x とすると，$kx = mg$，つまり $x = \frac{mg}{k}$ となる。そのときの上の質点の速さを v_2 とすると，エネルギー保存の法則により

$$mg(h+l) = mg(l+x) + \frac{1}{2}mv_2^2$$

となる。これを解くと $v_2 = \sqrt{2g(h-x)}$ となる。床を離れた後は外力は重力のみとなるので，重心運動と相対運動に分離できる。床を離れる瞬間の重心の高さは $\frac{1}{2}(l+x)$，速度は $\frac{1}{2}v_2$ なので，重心運動に関するエネルギーの保存から，$\frac{1}{2}(2m)(\frac{1}{2}v_2)^2 + (2m)g \times \frac{1}{2}(l+x) = (2m)gh'$ となる。ここで，床を離れた後の重心の高さの最大値を h' とした。これを h' に対して解くと $h' = \frac{1}{4}(h + \frac{mg}{k}) + \frac{1}{2}l$ となる。

問 9.13 地球の外側の点 A に質量 m の質点があるとする。地球全体による万有引力を計算してみよう。そのためには，地球を微小な体積要素に分け，それぞれの要素がつくる万有引力をたしあわせればよい。地球の中心 O と質点の距離を R とする。地球内部のある点 P のまわりの微小体積要素 $a^2\sin\theta\, da d\theta d\phi$ が質点におよぼす微小な万有引力 $d\vec{F}$ は，P と A の距離を r とすると，

$$d\vec{F} = G\frac{m\rho(a)a^2\sin\theta\, dad\theta d\phi}{r^2}\vec{e}_F$$

である。ここで，ρ は地球の密度を表す。地球は球対称なので，密度は方位には依存しない。そのため，ρ は地球の中心からの距離 a のみの関数とした。$\vec{e}_F$ は A から P に向かう方位の単位ベクトルである。地球全体がおよぼす重力 F はこれを積分すれば求まるので，

$$\vec{F} = \iiint d\vec{F} = Gm\int_0^{2\pi}\int_0^{\pi}\int_0^{r_e}\frac{\rho(a)a^2}{r^2}\vec{e}_F\sin\theta\, dad\theta d\phi$$

と表すことができる。ただし，r_e は地球の半径を表す。

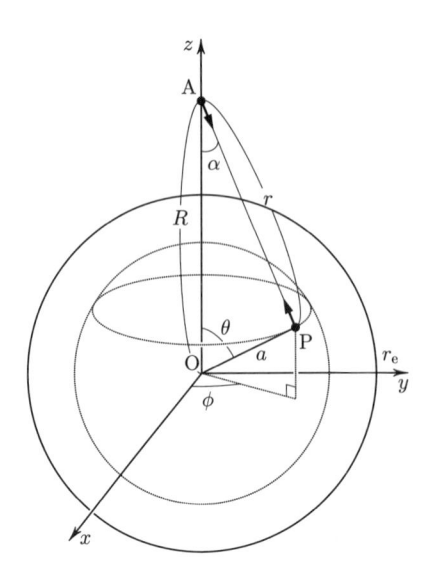

図4 地球の微小体積要素がつくる重力

ϕ を 0 から 2π まで変化させても微小体積要素がおよぼす力の大きさは変わらず，向きだけが変わる．ϕ について積分すると，力のうち z 軸に垂直な成分は打ち消し，z 成分だけが生き残ることに注意すると，

$$\vec{F} = -2\pi Gm\vec{e}_z \int_0^\pi \int_0^{r_e} \frac{\rho(a)a^2}{r^2} \cos\alpha \sin\theta\, da d\theta$$

となる．ここで $\vec{e}_z$ は z 方向の単位ベクトル，α は角 $\angle$OAP である．このことから，質点が受ける力は地球の中心を向いていることがわかる．

図4より，$\cos\alpha = \frac{R-a\cos\theta}{r}$ であり，余弦定理より $r^2 = R^2 + a^2 - 2Ra\cos\theta$ である．これらを用いると，

$$F = 2\pi Gm \int_0^{r_e} \int_0^\pi \rho(a)a^2 \frac{R-a\cos\theta}{(R^2+a^2-2Ra\cos\theta)^{3/2}} \sin\theta\, d\theta da$$

である．$R/a = s$ $(s>1)$ とおくと，

$$F = 2\pi Gm \int_0^{r_e} \rho(a) \int_0^\pi \frac{s-\cos\theta}{(s^2+1-2s\cos\theta)^{3/2}} \sin\theta\, d\theta da$$

$\cos\theta = t$ と変数変換すると，θ に関する積分は

$$\int_{-1}^1 \frac{s-t}{(s^2+1-2st)^{3/2}} dt$$

となる．積分を簡単にするために，さらに変数変換を行い，$s^2+1-2st = u$ とおく．このとき $-2s\, dt = du$, $t = (s^2+1-u)/(2s)$ である．求める積分は

$$\int_{(s+1)^2}^{(s-1)^2} u^{-3/2} \left(\frac{u+s^2-1}{2s}\right) \frac{1}{-2s} du = \frac{1}{4s^2} \int_{(s-1)^2}^{(s+1)^2} \left\{u^{-1/2} + (s^2-1)u^{-3/2}\right\} du$$

$$= \frac{1}{2s^2} \left[u^{1/2} - (s^2-1)u^{-1/2}\right]_{(s-1)^2}^{(s+1)^2}$$

$$= \frac{2}{s^2}$$

この結果を用いると，

$$F = \frac{Gm}{R^2} \int_0^{r_e} \rho(a)(4\pi a^2)\, da = G\frac{mM}{R^2}$$

ここで，$\int_0^{r_e} \rho(a)(4\pi a^2)\, da = M$ とした．M は地球全体の質量を表す．これより，地球全体によ

問題解答　　　　　　　　　　　　　　　　　　　　　　　　　　　　　　　　　　　　137

る万有引力を計算する場合は，地球の中心に全質量が集中していると考えてもよいことがわかる。

問 9.14　台の動きは十分遅く，棒にはたらく力は常につりあっているとする。左右の台をそれぞれ台 A，台 B と名づけ，重心からの距離をそれぞれ a, b とする。棒の質量を m，それぞれの台にはたらく垂直抗力の大きさを N_A, N_B とすると，力のつりあいから $N_A + N_B = mg$，力のモーメントのつりあいから $aN_A = bN_B$ が成り立つ。これらをもとに垂直抗力を求めると，$N_A = \frac{b}{a+b}mg$, $N_B = \frac{a}{a+b}mg$ となる。簡単のため，棒は動かず，台のみが動くとしよう。

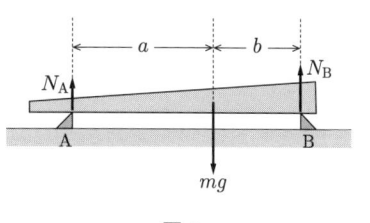

図 5

　最初に台 A が重心から左に a_0，台 B が右に b_0 の位置にあるとする。両方の台を内側にずらすように力を加えていくと，その力がどちらかの最大静止摩擦力を超えると台は動き出す。仮に $N_A < N_B$ とすると，まず台 A のみが動き出し a が減少していく。それにつれて N_A は増加し，N_B は減少する。この過程では，台 A が右向きに与える動摩擦力を，台 B が左向きに与える静止摩擦力が打ち消している。やがて台 A が $\mu_k N_A = \mu_s N_B$ をみたす位置 (このときの a を a_1 とする) までくると，台 B はもはや静止することができずに動き出し，代わりに台 A が静止する。a_1 を求めると $a_1 = \frac{\mu_k}{\mu_s} b_0$ となる。台 B が動いていき $\mu_s N_A = \mu_k N_B$ をみたす位置 (このときの b を b_1 とする) にくると，今度は台 A が動き出し，台 B が静止する。b_1 を求めると $b_1 = \frac{\mu_k}{\mu_s} a_1$ となる。以降，同様に左右の台が交互に動くことを繰り返していき，$a_{n+1} = \frac{\mu_k}{\mu_s} b_n$, $b_n = \frac{\mu_k}{\mu_s} a_n$ という関係が得られる。$\mu_s > \mu_k$ なので，$n \to \infty$ の極限で $a_n \to 0$, $b_n \to 0$ となり，2 つの台は必ず重心で出会うことになる。

問 9.15　立方体は $0 < x < a, 0 < y < a, 0 < z < a$ の領域にあるとし，$(0,0,0)$ と (a,a,a) を結ぶ軸を回転軸とする。慣性モーメントは，

$$I = \rho \int_0^a \int_0^a \int_0^a r_\perp^2 \, dxdydz$$

となる。ここで ρ は密度 ($\rho = M/a^3$)，$r_\perp$ は $\vec{r} = (x, y, z)$ と回転軸の距離である。回転軸方向の単位ベクトルを $\vec{e}$，$\vec{r}$ と $\vec{e}$ のなす角を θ とすると，$r_\perp = |\vec{r}| \sin \theta = |\vec{r} \times \vec{e}|$ である。$\vec{e} = \frac{1}{\sqrt{3}}(1,1,1)$ を代入すると，

$$r_\perp^2 = \frac{1}{3}\{(x-y)^2 + (y-z)^2 + (z-x)^2\} = \frac{2}{3}(x^2 + y^2 + z^2 - xy - yz - zx)$$

である。よって慣性モーメントは

$$I = \frac{2}{3}\rho \int_0^a \int_0^a \int_0^a (x^2 + y^2 + z^2 - xy - yz - zx) \, dxdydz$$

となる。ここで

$$\int_0^a \int_0^a \int_0^a x^2 \, dxdydz = a^2 \left[\frac{1}{3}x^3\right]_0^a = \frac{1}{3}a^5,$$

および

$$\int_0^a \int_0^a \int_0^a xy \, dxdydz = a \left[\frac{1}{2}x^2\right]_0^a \left[\frac{1}{2}y^2\right]_0^a = \frac{1}{4}a^5$$

などを用いると，$I = \frac{2}{3}\rho \times 3 \times \left(\frac{1}{3} - \frac{1}{4}\right)a^5 = \frac{1}{6}\rho a^5 = \frac{1}{6}Ma^2$ が得られる。

　一般に，一様な立方体の重心を通る軸のまわりの慣性モーメントは，軸の向きによらず同じ値をもつ。

索　引

あ　行

位置　1
位置エネルギー　52
位置ベクトル　8
一般解　38
運動エネルギー　54
運動方程式　18
運動量　62
運動量保存の法則　65
エネルギー　51
エネルギー保存の法則　51
演算子　59
遠日点　97
遠心力　29, 30, 92
円すい振り子　29
オイラーの公式　42, 119

か　行

外積　116
回転座標系　105
外力　69
角運動量　77
角運動量保存の法則　80, 89
角振動数　39
角速度　15
過減衰　43
加速　4
加速度　4
　　瞬間の——　5
　　平均の——　4
加速度ベクトル　11
ガリレイ変換　100
換算質量　70
慣性　17
　　——の法則　17
慣性系　101
慣性質量　21
慣性モーメント　84
慣性力　30, 102

完全弾性衝突　67
完全非弾性衝突　67
基準の位置　52
基底　114
軌道　95
共振　45
強制振動　44
共鳴　45
距離　1, 8
近日点　97
偶力　81
撃力　64
ケプラーの法則　90
減衰振動　43
向心加速度　15
向心力　29
剛体　78
合力　19
固有角振動数　45
固有振動　45
固有振動数　45
コリオリ力　106
ころがり摩擦力　87

さ　行

最大静止摩擦力　25
座標変換　100
作用　20
作用線　80
作用点　80
作用・反作用の法則　21
時間　1
時刻　1
仕事　46
　　——の原理　50, 83
仕事率　51
自然長　27
質点系　73
質量　18
周期　14, 39

重心　69, 73
重心運動　70
終端速度　27
重力　21
重力加速度　7, 13
重力質量　21
重力ポテンシャルエネルギー　52
ジュール　47
瞬間の加速度　5
瞬間の速度　3
焦点　96, 126
衝突　64
初期位相　39
初期条件　36
初速度　6
振幅　39
垂直抗力　24
スカラー　113
スカラー積　115
スピード　2, 9
静滑車　23
静止衛星　34
静止系　99
静止摩擦力　25
成分表示　115
積分定数　4
接線　3
絶対値　113
全運動量　64
漸近線　98
線形結合　38, 114
線形従属　114
線形独立　114
線積分　49
双曲線　97
相対運動　70
相対座標　70
相対速度　66
速度　3
　　瞬間の──　3
　　平均の──　1, 8
速度ベクトル　9
束縛力　57

た 行

第一宇宙速度　108
第二宇宙速度　108
楕円　96
単位ベクトル　114

単振動　39
弾性衝突　67
弾性ポテンシャルエネルギー　52
弾性力　27
単振り子　40
力　17
　　──の合成　19
　　──のつりあい　19
　　──の分解　19
　　──のモーメント　76
中心力　89
張力　22
調和振動子　38
抵抗力　26
テイラー展開　117
てこ　82
　　──の原理　83
等加速度運動　5, 12
動滑車　23
等速円運動　14
等速直線運動　12
動摩擦力　26
特殊解　38
ド・モアブルの公式　120
トルク　76

な 行

内積　115
内力　69
ナブラ　59
ニュートン　18
　　──の第1法則　18
　　──の第2法則　18
　　──の第3法則　21

は 行

媒介変数　124
ばね　27
ばね定数　28
はねかえり係数　66
速さ　2, 9
パラメータ　124
反作用　20
反発係数　66
万有引力　31
万有引力定数　31
非慣性系　101
微小仕事　48
非弾性衝突　67

索　引

微分　3
非保存力　50
復元力　27
複素共役　42
フックの法則　27
振り子の等時性　41
分力　19
平均の加速度　4
平均の速度　1, 8
ベクトル　113
ベクトル積　116
ベクトル場　123
変位　1, 8
変位ベクトル　8
偏角　120
変数分離法　36
偏微分　59
放物運動　12
放物線　12, 97
保存力　50
ポテンシャルエネルギー　52

ま　行

右ねじの法則　77, 116
密度　74
モンキーハンティング　13

ら　行

力学的エネルギー　56
力学的エネルギー保存の法則　56
力積　63
離心率　96
臨界減衰　44
輪軸　83
連続体　74
ローレンツ変換　103

わ

惑星の運動方程式　93
ワット　51

著者略歴

佐　藤　博　彦
（さ とう　ひろ ひこ）

1988年　京都大学理学部卒業（物理学および化学を専攻）
1993年　京都大学大学院理学研究科化学専攻博士後期課程修了
　　　　分子科学研究所IMSフェロー，東京工業大学理学部助手，中央大学理工学部助教授，准教授を経て
2008年　中央大学理工学部教授
　　　　博士（理学）

専門分野：物性物理学，固体化学

Ⓒ　佐藤博彦　2016

2016年 3 月31日　初 版 発 行
2021年 4 月 9 日　初版第 4 刷発行

理工学の基礎としての
力　　学

著　者　佐　藤　博　彦
発行者　山　本　　　格

発 行 所　株式会社　培　風　館
東京都千代田区九段南4-3-12・郵便番号 102-8260
電話 (03)3262-5256 (代表)・振替 00140-7-44725

中央印刷・牧 製本
PRINTED IN JAPAN

ISBN978-4-563-02510-6　C3042